Prefazione dell'autore

Questo libro ha il compito di restituire un senso vero e profondo alla realtà e a tutti gli elementi che la compongono, in primis l'uomo, considerato parte integrante di essa. La visione della medicina quantistica unisce la concezione scientifico-occidentale, con quella filosofica orientale ed abbraccia la consapevolezza dell'uomo medio con la coscienza creativa che guida l'evoluzione dell'uomo e l'umanità terrestre e spirituale. Questa visione completamente libera da qualunque schema preconcetto, restituisce un senso profondo alla realtà. Il libro è un progetto dove ciascuno può comprendere, con l'uso intelligente dell'amore per se stesso e per gli altri, che è possibile cambiare la propria condizione di vita e quindi di salute. Questa sinergia, questa nuova unione, permette la crescita della società verso uno stato di salute e di felicità, con un apprendimento non più casuale ma consapevole. L'uomo sceglie di stare meglio, sceglie di avere un ruolo attivo nei confronti della propria salute e di quella degli altri, siano essi suoi figli o perfetti estranei. Con questa strada comincia a dedicarsi volontariamente e consapevolmente al bene, ottenendo così la salute attraverso un percorso interiore dove l'uomo, cambiando il proprio stile di vita, lascerà sparire le forme-pensiero negative, pregiudizi, arroganza, senso di colpa o di inadeguatezza, illusione, invidia, sostituendo, al posto dei pensieri negativi, l'unica vera forma pensiero dell'essere quantico, ovvero l'essere amore in tutte le sue forme. L'uomo ha capacità e potere infiniti nel cambiare la realtà: questo è l'essere quantico, ovvero un essere che vive in un futuro che si è costruito. L'uomo è l'unico artefice del proprio destino e l'unica certezza che può avere è proprio la non certezza di qualunque realtà. Ciò che condiziona qualunque fenomeno non è solo il fatto che venga osservato, ma, come bene si comprenderà dalla lettura di questo libro, soprattutto l'atteggiamento mentale e le aspettative di chi osserva il fenomeno stesso. È davvero sufficiente pensare per creare, basti ricordare che se anche una minuscola particella atomica cambia quando viene osservata, ciò avviene in egual misura per la materia tutta, che altro non è che l'accumulo di particelle atomiche vibranti. Questo libro non ha la pretesa di sostituire la classica visione della medicina, ma vuole lavorare attivamente su un altro modo complementare e parallelo del "fare medicina", ovvero agire sulla PREVENZIONE, qui intesa come ricerca dell'equilibrio e dell'armonia, in un viaggio che si svolge in diverse tappe ed ha come meta la consapevolezza di se stessi che può essere raggiunta solo lavorando in maniera costante sulla propria alimentazione e avvalendosi del grosso aiuto messo a disposizione dalla Natura, attraverso la fitoterapia e, soprattutto, coltivando il pensiero positivo e la meditazione.

L'entusiasmo è l'atteggiamento che deve guidare l'essere quantico: emozione principale che deve diventare la forza amplificatrice di questo processo di cambiamento ed accelerare il percorso verso la meta designata. Se l'uomo è intossicato da un'alimentazione scorretta, se è triste e demotivato, è molto difficile che egli possa arrivare ad ottenere la consapevolezza e quindi la condizione di equilibrio. Lo stesso stile di vita diventa condizione indispensabile, in ottica quantistica, per il raggiungimento dell'equilibrio stesso. Tutto ciò che accade non è che l'effetto della nostra condotta di vita. L'uomo deve dare, nella ricerca della salute, il meglio di se stesso, impegnandosi attivamente in questo programma che si divide in diverse tappe espresse sempre nella totale coscienza del ruolo attivo che egli ha nel percorso. L'alimentazione sana, lo sport, la meditazione, l'utilizzo di tutte le tecniche, fra loro complementari, della medicina alternativa, possono portare l'uomo quantico a raggiungere la felicità, condizione imprescindibile per la salute.

Le informazioni per arrivare a questa condizione sono tutte contenute in questo primo manuale.

Prime fra tutte:

1. L'assunzione giornaliera di circa due litri d'acqua.

2. L'esposizione ai benefici della luce solare;

3. L'aumento del consumo di frutta e verdura (antiossidanti naturali).

4. L'eliminazione dello zucchero bianco e di tutte le sostanze che subiscono un processo di raffinazione, nonché di tutte le sostanze chimiche, anche quelle contenute in creme cosmetiche per il corpo.

5. L'integrazione di nutrienti indispensabili al benessere.

6. Ultimo requisito, ma non in ordine di importanza, la meditazione e il pensiero positivo, che portano l'uomo a credere il più possibile nel raggiungimento di qualunque risultato.

Chiara Berardi

Ogni cosa ha un tempo che le è destinato in cui compiersi e realizzarsi.

Introduzione

Questo primo volume sulla medicina quantistica-olistica si divide in tre parti. Ognuna di esse vuole condurre la persona ad assumersi sempre, ed in qualunque caso, la responsabilità della propria salute. È quindi pensato per chi non vuole solo mettersi al riparo da alcune malattie, ma lavorare armonicamente sul concetto di prevenzione. Questo primo libro nasce perché quando ognuno di noi si accorge di possedere qualcosa di nuovo ed utile non solo per se stesso, ma anche per gli altri, ha l'espresso dovere di condividerlo. La mia grande passione per la fisica quantistica e per la neurofisiologia mi ha permesso di trovare importanti relazioni tra le condizioni mentali e lo stato di salute dell'individuo e di comprendere, così, il funzionamento delle correnti frequenziali del cervello, in relazione alla realtà umana. È doveroso, nell'analizzare questo percorso di prevenzione, sottolineare il ruolo chiave dell'alimentazione.

L'uomo moderno non si nutre come dovrebbe, va troppo di fretta, mangia velocemente, non rispetta il ritmo sonno-veglia, né, di conseguenza, la cronobiologia. I prodotti raffinati hanno allontanato l'uomo dalla natura e gli hanno precluso la possibilità di vivere in maniera sana e armonica.

L'obiettivo di questa raccolta di volumi è recuperare l'equilibrio a partire dal concetto iniziale di prevenzione. La maggior parte dei disturbi che affliggono l'uomo moderno, in primis l'obesità, il sovrappeso, le patologie autoimmuni e cardiovascolari, sono dovuti all'indebolimento del nostro organismo e del sistema immunitario, a loro volta causati soprattutto da una cattiva alimentazione e da uno stile di vita, in cui l'uomo non è più allineato con le forze della natura, delle quali è invece parte integrante, ma vittima di fattori stressogeni e delle sue stesse errate convinzioni. La società attuale è colpita da un numero sempre crescente di malattie degenerative, che possono localizzarsi in ogni organo, tessuto, cellula, molecola, enzima o gene, sconvolgendone ed alterandone la funzione. I rimedi proposti ad oggi sono settari, perché lavorano esclusivamente sulla sintomatologia; purtroppo il problema reale non è la malattia: occorre, quindi, arginare lo sviluppo di quest'ultima, considerando il corpo come unità, modulando così le informazioni fra ghiandole, correggendo le abitudini scorrette per vivere una vita piena e soddisfacente. Chiedere oggi una corretta nutrizione è, del resto, un'impresa impossibile, perché gli stessi terreni sono poveri e deperiti. Anche se il cibo, come ci ha insegnato Ippocrate, è il nostro vero farmaco, l'agricoltura chimica ha distrutto i terreni e gli alimenti, i quali risultano impoveriti di nutrienti fino all'80%, per non parlare poi dell'ulteriore trasformazione industriale, che completa la distruzione dei pochi nutrienti rimasti. È vero, il consiglio principale rimane quello di utilizzare prodotti biologici, ma anche questo oggi non può colmare tutte le carenze nutrizionali ed il "terreno" della persona ne risulta sempre più compromesso, compresa anche la sua naturale capacità di auto-guarigione.

Questo libro vuole essere una risposta da parte della medicina naturale quantica, risposta che non possiamo più trovare nel supplemento degli integratori generici che sappiamo per certo non essere riconosciuti dal nostro corpo come alimenti, ma essere in taluni casi addirittura ossidanti e pro-tumorali. La risposta consiste nell'introdurre, nell'alimentazione, nutrienti primordiali vivi, microalghe verdi e azzurre spontanee, cibi superverdi, oligoelementi, probiotici, enzimi, ecc... capaci di indurre reazioni enzimatiche in grado di re-instaurare la corretta funzionalità della comunicazione sottile. Minerali, oligoelementi, vitamine, aminoacidi, antiossidanti, acidi grassi, tutto in biodisponibilità, come ricostituenti puri del terreno, come immunomodulanti naturali del sistema. In un'ottica quantistica il potere benefico di un alimento, o di un erba, non può misurarsi solo con dati analitici o tabelle nutrizionali, ma in rapporto alle sue vibrazioni. Il metodo della cristallizzazione sensibile creato da Pteiffer e i macchinari che studiano le correnti biofrequenziali, ci consentono di valutare la forza vitale vibrazionale. La natura, grande ed unica maestra, rappresenta la strada per la semplicità più assoluta. Tutto ciò che è sano è vitale e armonico, mentre tutto ciò che è malato risulta povero, piatto e disarmonico. È evidente quindi che l'uomo, come parte integrante della natura, deve vivere cercando di essere più semplice possibile, di pensare sempre in modo felice ed ottimista, questo perché la fisica quantistica ci ha insegnato che ogni percorso di pensiero genera emozioni che interagiscono con la realtà interna ed esterna del nostro corpo. Acquisire la capacità di visualizzarsi felici è un passo importante di questa raccolta di volumi, perché in questo modo la persona sarà in grado di produrre belle emozioni che si tradurranno in salute, vitalità e bellezza.

Le scoperte della fisica quantistica sono impressionanti. Se provassimo ad andare oltre il punto di vista prettamente matematico e provassimo a considerare un punto di vista filosofico, ci accorgeremmo che chiunque è in grado di cambiare la propria realtà, essendo quest'ultima elastica, modificabile e malleabile. L'uomo può guidare, così, il corpo con la propria volontà, valutando e comprendendo gli errori come lezioni per imparare a trovare soluzioni efficaci e come occasioni per introdurre cambiamenti in se stesso, decidendo sempre in prima persona le esperienze future. Sappiamo che, prima che avvenga un'interazione che scelga l'evento da attualizzare, tutto già esiste sotto forma di stato quantistico e probabilistico. I fatti non sono che attualizzazioni di idee, manifestazioni, nello spazio-tempo, di pensieri. Come si può, sulla base di questi presupposti, osservare ancora la malattia come fine a se stessa? Cos'è la malattia se non un disordine, ovvero un ordine ancora da programmare! Quale sistema ne è colpito, quale organo, quale tessuto, quale cellula, molecola o atomo? Max Planck ci ha insegnato, nel 1918, con la teoria dei quanti, che gli atomi si scambiano energia.

Energia!

L'approccio nei confronti delle malattie deve essere, dunque, totalitario, deve essere un approccio a 360°. L'uomo è corpo, spirito, anima e, come tale, deve nutrirsi correttamente, pensare positivamente, vivere integralmente. Riuscire ad entrare in comunione di intenti con noi stessi potrà aiutarci a produrre informazioni migliori fra le ghiandole del nostro corpo e fra i trilioni di cellule che lo compongono, ognuna con le sue emozioni. Amore, fiducia, gioia, entusiasmo, il nostro corpo è un tempio e, come tale, deve essere forte, ben nutrito, pulito, maestoso, ordinato. Non possiamo nutrirci in maniera non corretta, perché non possiamo avvelenare il tempio delle nostre infinite possibilità e molto dipende dal nostro stile di vita. Nella prima parte del libro si parla della depurazione del corpo, dell'attivazione metabolica, dell'inganno neurologico e dell'aiuto offerto dalla natura e dai nutrienti fondamentali, ma soprattutto si parla della volontà e del coraggio dell'uomo consapevole. Per un erborista, per un naturopata, per un qualunque operatore olistico, la malattia non potrà mai essere intesa come un segnale da spegnere, ma sempre come un'informazione che dalla coscienza animica arriva alla coscienza materiale, per portare l'uomo a recuperare l'equilibrio perso. Il parametro più importante consiste nell'assenza di qualunque regola universale, questo perché ogni persona ha la sua specificità. Tutto nell'universo, anche le cose che appaiono più simili fra loro, sono in realtà ben diverse. Non possiamo produrre generalizzazioni; la trasformazione è un processo interiore che ogni individuo deve compiere da se. Questa esperienza di lettura vuole essere un consapevole viaggio interiore nel quale si arriverà alla meta profondamente cambiati. L'inizio del viaggio consiste nello scegliere di piacersi, scegliere di comprendere ciò di cui il proprio corpo ha bisogno, ricordando che ora siamo solo l'effetto della risultante dinamica di tutte le nostre esperienze. *"Voglio cambiare, posso cambiare, sono certo che cambierò!"* Questo è lo spirito che ci accompagnerà nel percorso. Nel primo capitolo del libro si porterà la persona a lavorare attivamente per raggiungere l'equilibrio sul proprio peso e quindi sulla forma fisica e mentale, attraverso un viaggio emozionante dal quale il lettore uscirà cambiato, profondamente diverso. Il viaggio sarà ancora più profondo se ogni giorno egli trascriverà il proprio stato d'animo in un diario che sarà in grado di accompagnarlo nel cambiamento, diario nel quale annoterà solo le emozioni positive. Questo lo aiuterà a visualizzare costantemente il proprio obiettivo, rafforzando così il cambiamento fisico, mentale e spirituale che ne conseguirà.

Il libro include un nuovo concetto di salute che prevede una concezione totalitaria e globale dell'uomo. Questo vuol dire che la condizione imprescindibile per uno stile di vita armonico e salutare implica anche la cura dell'ambiente che ospita l'uomo e interagisce con lui. La visione di questa nuova medicina quantistica-olistica non vuole proporci solo una convivenza tra livello emozionale, corpo animico e mente, ma vuol richiederci di lavorare attivamente per la Terra, in modo da rendere armonico l'ecosistema. Sappiamo che l'uomo ha il potere e gli strumenti per farlo. Questa nuova medicina nasce dalla consapevolezza di una possibile trasformazione positiva che l'essere quantico deve compiere, in primis su se stesso e dopo sull'ambiente che lo circonda. È in quest'ottica che possiamo osservare la malattia come disarmonia; essa non è che l'effetto dell'ignoranza dell'armonia preesistente nell'universo. In questa nuova ottica, prevenzione significa, dunque, rientrare in armonia con il Tutto. Lavorare attivamente per la prevenzione vuol dire sviluppare un nuovo uomo che decide con coraggio di diventare migliore. Un uomo che non ha più bisogno di "doversi dare malattie" per riuscire a comprendere e, quindi, un uomo che non ha più bisogno di dover subire le patologie esaminate nel libro: obesità, malattie cardiovascolari, diabete, patologie allergiche e autoimmuni, patologie nervose degenerative. Questa nuova medicina è, nei fatti, una nuova chiave di interpretazione della realtà; in questa nuova verità non c'è più separazione, in quanto ognuno di noi è parte del tutto; spirito e materia, coscienza maschile e coscienza femminile, yin e yang. Se l'uomo non è separato in se stesso, tanto meno lo sarà dal resto del mondo e dagli altri, quindi credo che, conoscendo meglio se stesso e rimanendo sempre padrone delle proprie azioni, egli possa collaborare per il bene attivo e la salute dell'intero pianeta. La nuova visione quantistico-olistica non ammette separazione: L'ESISTENZA È LA TOTALITA' DELL'ESSERE espressa sia nella dimensione interiore che esteriore. In questa visione l'evoluzione spirituale, la psicosomatica e la neurofisiologia sono unite, perché, solo percependo in profondità il proprio corpo spirituale ed energetico, si potrà avere l'attenta consapevolezza che ci porterà a sviluppare una equilibrata struttura psicofisica. Il messaggio tra le righe di questa nuova medicina consiste nell'unione sinergica di ciò che fino ad oggi, per poter esser compreso, ci è sempre stato presentato come contrapposto e duale: lo yin e lo yang, il livello fisico e quello animico, il livello biologico molecolare e quello emozionale. L'uomo deve sentirsi tutt'uno nella consapevolezza del Qi, energia vitale di cui è intrisa tutta la materia, la natura con i boschi e i prati, l'erba, il mare, il sole, la vita in tutte le sue accezioni. La vita degli animali, degli uomini e del pianeta. Vita che danza nell'armonia dell'universo dove il Creatore e la creatura si fondono nell'Uno. L'uomo non può accettare di esporsi a schemi di comportamento prefissati ed errati dettati dalla macrosfera di cui è parte, perché questo lo porterà solo a subire limiti emozionali che inevitabilmente lo porteranno alla malattia. Il corpo umano non è solo un meccanismo materiale, ma è spirito, unità inscindibile di energia e di emozioni, pura danza armonica di un movimento di elettroni perfetto. Il corpo umano è un sistema quantistico. L'uomo è un insieme di quanti di energia ed è solo attraverso il movimento di elettroni che si formano le cellule, gli organi, il battito del cuore e tutte le informazioni che dal cervello si espandono attraverso le onde cerebrali. Voglio credere, anzi, credo fermamente ed invito chiunque si avvicini alla lettura di questo libro a fare altrettanto, che questo momento storico che stiamo vivendo sia finalmente quello propenso al raggiungimento della VERITÀ. Verità non potrà mai essere dualità. Verità nella ricerca interiore, verità nella ricerca della libertà, verità sulla malattia, verità come Luce. La vita è un dono e come tale va vissuta, il rapporto con gli altri deve fondarsi sull'amore e sul rispetto. Il rapporto col cibo, che la terra ci offre, deve essere un rapporto dove l'uomo dà in cambio immensa gratitudine. La natura è l'unico grande maestro, lo spirito che guida la lettura del libro verso un viaggio che ha come meta la pace, la salute, la felicità. L'unica vera strada è quella basata sui principi: amore per la vita, rispetto, fiducia, tutti e tre uniti, correlati strettamente in un unico grande legame che unisce l'uomo e l'esistenza del pianeta. Nel libro è stato affidato un ruolo molto importante non solo all'alimentazione, ma anche all'utilizzo delle piante officinali e al potere della meditazione. Quest'ultima permette di sviluppare il silenzio interiore. Un "immenso" visibile nei paesaggi naturali che permette all'uomo di entrare in comunicazione con il suo livello spirituale, con il sacro infinito, con Dio.

L'obesità è una malattia cronica; per l'OMS è una "epidemia globale", fattore di rischio per diabete, malattie cardiovascolari, ipertensione, osteoartrosi e neoplasie. Nel mondo, gli adulti in sovrappeso sono più di un miliardo e trecento milioni sono obesi. In Italia, circa quattro milioni di persone sono obese e sedici milioni in sovrappeso. Lavoriamo insieme per aiutare la persona a ritrovare l'equilibrio con il proprio corpo.

Capitolo I

L'alimentazione

Prima Fase

La prima tappa nell'inizio di un percorso di dimagrimento a livello erboristico-quantistico deve iniziare sempre con una fase di depurazione e drenaggio degli organi emuntori: fegato, pelle, polmoni, intestino, reni. Il compito di un'erborista, di un naturopata, di un operatore olistico, consiste nel lavorare sull'equilibrio a livello intracellulare e aiutare la persona a comprendere che tutto il percorso che intraprenderà sarà utile all'organismo intero e avrà un inizio e una fine. Lavorare sull'equilibrio intracellulare significa comprendere, attraverso parametri strutturali, elettrici e funzionali, se si è determinata una fase di acidosi nel corpo, spesso imputabile a tante diete sperimentate, ed avviare così il processo di riequilibrio del terreno, che ha ben poco a che vedere con la dieta intesa come riduzione calorica drastica. Nel caso dell'approccio erboristico in ottica quantistica, il nostro esame deve partire, elettricamente parlando, dal livello fondamentale dell'organizzazione, ovvero quello degli atomi e delle molecole. Questo perché, nel nostro corpo, gli atomi, in combinazione formano strutture anatomiche vitali e tutti i processi fisiologici dipendono dal controllo preciso delle interazioni atomiche. Il nostro obiettivo deve far si che ci siano interazioni coordinate, in modo tale che il corpo possa funzionare bene. Quindi anche in questo settore, così come nella cura di qualunque malattia, il nostro compito è lavorare sulla prevenzione, tenendo conto del genoma. Oggi l'obesità è una delle maggiori fonti di malattie, in primis quelle cardiovascolari che negli Stati Uniti sono causa principale di mortalità insieme alle malattie iatrogene. Purtroppo, mettersi a dieta è diventata una moda, un passatempo nazionale. Le librerie sono piene di manuali fai da te per perdere peso, alimentazioni inconsuete, pericolose e soprattutto omologate, che non tengono conto della specificità di ogni essere umano. Un bravo erborista, o chiunque si appassioni ad un concetto di medicina naturale, deve possedere una visione d'insieme ed elementi base su processi e scambi metabolici. Il primo errore da evitare: promettere risultati immediati senza grandi sforzi. I risultati immediati sono rappresentati solo da una perdita temporanea di liquidi, che in realtà porta ad una serie di modificazioni fatali per l'equilibrio chimico del sangue e degli apparati fisiologici. Sono proprio le diete più diffuse a provocare deliberatamente stati di acidosi all'interno dell'organismo. I programmi alimentari erboristici non prevedono dieta, nè tanto meno farmaci pericolosi, o erbe dalle proprietà straordinarie, o assurde eliminazioni di alimenti. La perdita di peso deve essere graduale, mai istantanea; la persona deve sentirsi meglio giorno dopo giorno e, così, deve esserci, come corrispondenza, un calo di peso naturale e ben tollerato dal corpo, che, se adeguatamente riequilibrato, conserverà il messaggio portato. La medicina quantistica bioenergetica prevede dunque, come accennavo all'inizio, un'accurata fase di depurazione iniziale, atta a stimolare gli emuntori e riattivare al meglio le funzionalità organiche. Ricordiamo sempre che il compito principale dell'erborista non consiste nell'alleviare le sintomatologie riportate, ma nella cura totalitaria della persona. L'operatore olistico deve ricondurre la persona ad un adeguato stile di vita con consigli mirati, che spaziano dall'alimentazione allo sport. Quest'ultimo è necessario non solo per smaltire le calorie in eccesso, ma per aumentare le funzioni circolatorie e depurative dell'organismo, soprattutto nella prima fase. Nella fase di depurazione andremo dunque a stimolare le ghiandole endocrine, grazie ad una migliore funzionalità epatica, con conseguente accelerazione del transito intestinale, riducendo così l'accumulo di scorie e grassi nell'organismo. Soltanto una corretta pulizia degli organi emuntori, in questa fase iniziale, ci potrà permettere un buon dimagrimento. La genziana, il tarassaco, l'ortica, il cardo mariano, la menta, la maggiorana ed il trifoglio, ma anche l'assenzio, la curcuma, il centinodio, il boldo e il rafano, ecc..., svolgono un buon ruolo come depuratori biliari e stimolano la funzione epatica, migliorando l'eliminazione di tutte le sostanze lipolitiche. Aiutano altresì a metabolizzare le tossine, svolgendo una totale funzione dechelante. Anche la peristalsi ne trae giovamento e l'intestino riesce a smaltire più velocemente le tossine. Un contributo importante, all'inizio del programma, è comunque affidato alla regolazione delle membrane cellulari, che si ottiene con la somministrazione di acidi grassi in rapporto bilanciato. L'assunzione di acidi grassi favorisce l'assorbimento di sostanze irrinunciabili. I grassi presenti nel fegato favoriscono, ad esempio, l'assorbimento di proteine ed aminoacidi. Anche i neuroni sono composti da mielina, acido grasso importantissimo che permette la trasmissione diretta dell'impulso nervoso. Questi grassi buoni sono presenti nel pesce, nell'olio di enothera, di borragine, di lino, nell'olio di zucca e di soia. Essi

favoriscono lo sviluppo del colesterolo buono; il
loro lavoro è visibile sia sulla pelle, con un netto
miglioramento dell'aspetto, che sul contenimento
delle patologie degenerative e permette così a
qualunque messaggio, in particolar modo nel caso di
un corretto dimagrimento di riuscire a diventare
memoria cellulare. È importante sempre, durante
questa prima fase, drenare i liquidi in eccesso sul
sistema linfatico, con sinergie spagiriche di bardana,
betulla, ribes ed estratti acquosi con polveri di
ananas, cavolo, sedano, vite rossa, centella, cicoria ,
rosmarino, issopo, ginepro.

Nella prima fase del programma occorre tenere sotto controllo il transito venoso, spesso causa principale della stasi linfatica, con la cumarina. Quest'ultima, diminuendo la permeabilità capillare, aumenta la resistenza dei vasi, migliorando così il microcircolo e combattendo il trofismo grazie all'accelerazione dello scorrimento del sangue. Il comando alto, ovvero quello informazionale, si svolge con le diatesi di oligoterapia catalitica, a seconda della specifica tipologia funzionale. In questa maniera, già nella prima fase di drenaggio, si riduce l'accumulo di lipidi e tossine negli adipociti ipodermici.

L'acqua è espressione di amore, pace e purificazione. Ad essa è attribuito il potere di penetrare la nostra essenza e purificare la nostra anima.

In questa prima fase, soprattutto nei giorni iniziali, il soggetto lamenterà fame, l'appetito aumenterà per ragioni sia fisiologiche che psicologiche. Sarà bene cercare di portare in equilibrio la sua produzione di melatonina e serotonina stimolando l'informazione non solo con del triptofano, amminoacido precursore, ma chiedendo di privilegiare l'assunzione di carboidrati integrali, la sera, per qualche giorno. Molto valido è anche l'aiuto offerto sulla neurotrasmissione dalle piante adattogene, rodhiola e griffonia, e dall'olio di pino coreano, che preso prima dei pasti anticipa il senso di sazietà, limitando così la quantità di cibo assunta. L'acido pinoleico stimola la secrezione di due ormoni intestinali, le proteine CCK e GLP1. Questi due ormoni, normalmente secreti dall'intestino durante i pasti, causano la distensione delle pareti dello stomaco, diminuendo così i crampi della fame e inviano un segnale di sazietà al centro della fame nell'ipotalamo. Occorre sempre sostenere il terreno di base della persona con le alghe. Il senso del loro valore nella terapia di disintossicazione dell'organismo è dato dal loro apporto nutrizionale, contenuto in vitamine, minerali e oligoelementi. Le alghe contengono una quantità di minerali da dieci a venti volte superiore a quelli delle verdure. L'apporto di oligoelementi è presente in forma organica e quindi facilmente assimilabile dall'organismo. Pertanto con le alghe klamath, nori, wakame, hijiki, arame, dulse, clorella, kombu, nonché con gli oligoelementi traccia, non vi è rischio di assunzione eccessiva o sbilanciata.

È fondamentale, nella terapia a base di aminoacidi, l'integrazione di specifici minerali, oligoelementi e vitamine, di drenanti rimineralizzanti e stimolanti del metabolismo e di sostanze alcaline antiossidanti e probiotiche.

In questo periodo che varia da sette a ventuno giorni occorre monitorare, almeno una volta a settimana, l'organismo e seguire, passo dopo passo, la persona su stati di stress, aiutandola a trasformare il DISTRESS negativo in EUSTRESS positivo. In questa maniera l'aiuto si manifesterà positivamente anche sul tono dell'umore. Non possiamo, però, dimenticare che ogni soggetto è a sè e va quindi sostenuto in maniera differenziata a seconda del proprio terreno di base; il soggetto anemico sarà seguito con un protocollo specifico, così sarà per l'ipoteso e l'iperteso, ecc... Se seguita in maniera accurata, la persona si sentirà già meglio dopo una sola settimana. Questo perché le piante usate in questa prima fase non svolgono solo un'azione depurativa, ma aiutano a produrre sostanze antinfiammatorie e, siccome un tessuto infiammato tende ad accumulare ancora più liquidi, ne risulterà così potenziato il lavoro di drenaggio. Sempre in questa prima parte del protocollo è fondamentale parlare della respirazione. La respirazione profonda è essenziale per migliorare il flusso di energia vitale: essa è una forma di respiro cosciente dove si diventa consapevoli dell'ispirazione e dell'espirazione. La corretta respirazione ci permette di imparare a calmare le nostre emozioni e dirigere bene i nostri pensieri, preparandoci ad utilizzare i sorprendenti poteri di cui siamo dotati, poteri di auto guarigione che hanno sede nel tronco encefalico. I sentimenti di dubbio e paura bloccano la realizzazione di questo potere, ma possono essere eliminati in presenza di emozioni come la gioia e l'entusiasmo. Il modo migliore per generare la gioia è il più semplice: il sorriso, il gioco, la vivace spensieratezza, uno staso mentale basato sull'ottimismo; questo si riflette in un pieno concetto di prevenzione che non può che produrre un enorme flusso di energia positiva.

La persona è esattamente la risultante dinamica di quello che pensa, quello che mangia e quello che respira, perché la sua mente si nutre di immagini, come il suo corpo di cibo e di respiro. La corretta respirazione ha certamente un ruolo fondamentale, nell'ottica del dimagrimento, in quantistica. La respirazione profonda e rilassata porta risultati ancora più straordinari, non solo per l'aumentato apporto di ossigeno e per l'aumento del volume polmonare, ma anche per la produzione di endorfine fondamentali nel nostro lavoro.

Ricordiamo che, dal punto di vista quantistico, l'organismo è una macchina perfetta in cui il generatore cervello mette in moto correnti oscillanti, il cui viaggio a trecentosessanta chilometri al millesimo di secondo si compie attraverso nervi e muscoli (conduttori) e porta ad ogni sistema ricevente la corretta frequenza.

Seconda fase

La seconda fase del dimagrimento, secondo la prospettiva quantistica-erboristica, consiste in un regime ipoglucidico, normoproteico e ipocalorico. L'apporto degli aminoacidi è fondamentale per bruciare i grassi. Questo meccanismo è definito chetosi: in pratica, con l'eliminazione degli zuccheri semplici e composti e la contemporanea somministrazione di aminoacidi in una specifica sequenza, si va ad intaccare la massa adiposa localizzata. L'organismo utilizza come primo carburante il glucosio che, se non viene più introdotto nell'alimentazione, porta ad un processo particolare. Il ridotto apporto di carboidrati stimola la lipolisi e la chetogenesi, fornisce energia al cervello ed ai tessuti, protegge la massa muscolare, grazie all'apporto degli integratori proteici ad alto valore biologico. Vengono liberati i trigliceridi, contenuti nei tessuti adiposi sotto forma di acidi grassi, che in parte possono essere immediatamente consumati dai muscoli e in parte devono essere trasformati, dal fegato, in corpi chetonici per poter essere quindi utilizzati dagli organi interni. È fondamentale somministrare catene pure di aminoacidi, e non generiche proteine, cosa che porterebbe invece scompensi da sovraccarico a fegato e reni e ci farebbe accumulare quantità disastrose di acido urico. I corpi chetonici hanno una doppia azione:

- Energetica, come substrati energetici del cervello del quale coprono l'ottanta per cento del fabbisogno con effetti tonici, euforizzanti e antidepressivi.

- Anoressizzante, in quanto i corpi chetonici, per stimolazione del centro della sazietà, situato nell'ipotalamo, inducono un effetto fisiologico antifame con inibizione della sensazione dell'appetito a partire dal terzo giorno dall'inizio della dieta.

Tornando al nostro lavoro, in questa seconda fase, dobbiamo eliminare ogni tipo di zuccheri sia semplici che complessi. Si integrano gli aminoacidi a colazione e a pranzo e si completa l'alimentazione con l'assunzione di verdure, carni e pesce in quantità stabilite. Durante questa fase il corpo continua a nutrire la massa muscolare, senza abbassare il metabolismo. Una volta consumati gli zuccheri in circolazione è quindi costretto ad andare a consumare le scorte, cioè la massa grassa. Questo meccanismo si ottiene in genere dopo due o tre giorni dall'inizio della dieta. È molto importante constatare che in questi ventuno giorni, di cui si compone ogni ciclo energetico alimentare, il corpo continuando a nutrire la massa muscolare senza mai abbassare il metabolismo, induce il conseguente riposo del pancreas.

La persona comincia così, già nella prima settimana di questa seconda fase, ad avere decisivi miglioramenti anche sul tono dell'umore e sull'elasticità cutanea, cominciando a comprendere che in realtà sta lavorando su se stessa per portare in equilibrio l'intero organismo. La forza terapeutica di questo protocollo si avvale della somministrazione sia di un regolatore del potassio per impedire, nei ventuno giorni, stati di affaticamento renale, che di un alcalinizzante del PH.

Nel protocollo intermedio occorre inoltre attivare la secrezione gastrica, aumentando la funzionalità digestiva. Questa attività consiste nel favorire la digestione della catena proteica. Viene utilizzata, a tal proposito, la papaina che è una miscela di enzimi proteolitici che idrolizza polipeptidi contenenti aminoacidi basici, leucina e glicina. Altro grosso aiuto è costituito dalla bromelina digestiva e antinfiammatoria; quest'ultima ha la capacità di idrolizzare le proteine a oligopeptidi ed aminoacidi. Si utilizzano quindi estratti secchi di piante come il rabarbaro, la cassia e l'aloe, che aumentano la secrezione intestinale, ove si è creata inerzia evacuativa, associata a cambiamento alimentare. L'attività peristaltica consiste nel favorire il movimento naturale dell'intestino, detto appunto peristalsi, che viene rallentato dalla mancanza di fibre contenute nei carboidrati che in questa fase sono assenti. Queste piante lavorano con effetti dolci non lassativi, con un aumento della funzione intestinale e renale. Questo processo di ulteriore disintossicazione purifica ulteriormente l'organismo con conseguente miglioramento dello stato di salute di base. Ancora un'azione importante viene svolta dalle piante carminative che combattono il gonfiore nello stomaco e nell'intestino. Anice, carvi, finocchio hanno azione carminativa, alleviano cioè il gonfiore agendo su vari fronti. In questa seconda fase si porta la persona a percepire la propria energia guaritrice, ovvero la sensazione di essere in armonia con l'universo; è facile notare l'entusiasmo dato dal visibile cambiamento del corpo, proprio verso la fine di questo secondo percorso.

Ricapitolando, in questo programma è fondamentale rispettare la durata del tempo massimo di ventuno giorni ed è consigliabile richiedere alle persone di attenersi ad una cottura degli alimenti semplice, al vapore o alla griglia. Durante i ventuno giorni del protocollo con aminoacidi è indispensabile idratarsi. Occorre bere almeno due litri d'acqua al giorno ed integrare il potassio. Eliminare dunque tassativamente qualunque carboidrato: pasta, pane, riso, patate, biscotti, pizza, frutta, legumi, mais, carote, rape, vino, alcolici e superalcolici, nonché succhi di frutta e bevande gassate. È fondamentale accertarsi che le analisi del sangue della persona abbiano normovalori, controllare sempre emocromo, glicemia, colesterolo totale e differenziato, azotemia, uricemia, creatinemia, trigliceridi, bilirubina. L'associazione del protocollo proteico con gli estratti di erbe sembra, attraverso studi clinici, migliorare l'organizzazione tissutale dei corpi chetonici e ridurre gli effetti collaterali di un regime ipoglucidico. Anche in questa fase, così come nella depurazione, carciofo, tarassaco, boldo, cardo mariano, sono in grado di svolgere appieno il lavoro del fegato favorendo la produzione di bile ed il suo riversamento nell'intestino.

Contrariamente a quanto ognuno di noi è portato a pensare, già dopo i primi due o tre giorni il soggetto comincerà ad avere meno fame. Questo perché più la persona inserisce cibi raffinati, più è alto quindi l'indice glicemico, tanto più velocemente si alzerà la glicemia e di conseguenza il pancreas sarà portato a produrre più insulina per farla calare. Questo abbassamento improvviso della glicemia nel sangue crea il senso di fame ed il ciclo si chiude con altre richieste di zuccheri. La responsabilità di questo meccanismo è il processo di raffinazione del carboidrato: pensiamo al pane bianco o alla pasta o al riso raffinato. In questi ventuno giorni l'organismo trarrà quindi beneficio e sarà pronto per la terza fase, ovvero quella che riguarderà la STABILIZZAZIONE DEL PESO e L'INGANNO NEUROLOGICO. La fase nella quale, per usare un termine meccanico in linguaggio quantistico, si "resetta il computer dopo il crash".

Terza Fase

In questa fase è possibile stabilizzare il peso,
ma anche far continuare a dimagrire la persona; per
raggiungere quest'equilibrio ponderale occorrerà
incrementare il metabolismo con un'attività fisica
regolare e costante.

La terza fase è più importante di quella intensiva; anche se è vero che nella fase intensiva si avrà il grosso del risultato, in realtà l'inganno neurologico della fase di stabilizzazione serve per far comprendere all'organismo e alla mente che questo sarà il loro nuovo percorso. In questa fase si introducono molto lentamente i carboidrati a basso indice glicemico, da cereali integrali, facendo così ripartire il pancreas dolcemente dopo il periodo di riposo. Così la digestione pancreatica riprende pian piano la sua funzione, sostenuta dal processo informazionale costante portato dall'oligoelemento zinco-nichel-cobalto (per almeno due mesi). È fondamentale che in questa fase siano eliminati gli zuccheri raffinati e gli alimenti ad alto indice glicemico (zucchero bianco, alcolici, dolci).

Questa è la fase più bella e più delicata del percorso, perché la persona è sempre più oggettivamente, conscia del cambiamento. Se la persona ha voglia di concedersi uno strappo alla regola eccedendo nelle calorie, sarà bene aiutarla facendo lavorare inglobatori mirati che possano mediare all'errore e, soprattutto, che possano alleggerire la gravità dell'eccezione a livello emozionale. Baccello di fagiolo, farina di guar, glucomannano, picolinato di cromo, legando chimicamente grassi e zuccheri, inglobano le calorie in eccesso. Sempre parte integrante di questa fase è il movimento. È fondamentale inserire lo sport, non solo perché così il soggetto manterrà il peso desiderato e disperderà le calorie in eccesso, proprie di una vita sedentaria, ma soprattutto perché riuscirà ad eliminare lo stress.

La visione che dobbiamo avere come operatori olistici, deve essere sempre una visione globale, che spazia dal piano fisico e psicologico a quello emozionale e animico. Questa fase, che può variare da quattordici a ventuno giorni, viene in seguito affiancata dalla prima fase, ovvero si riprende e si potenzia la depurazione intensiva dell'organismo. In questa parte del lavoro, circa un mese e mezzo dall'inizio, occorre fortificare la nuova immagine che la persona sta raggiungendo. È importante chiederle di immaginarsi esattamente così come vuol diventare, non solo con il corpo, ma proiettandosi con la mente in tutte quelle situazioni che sono in grado di farla sentire bene. La persona deve sentirsi totalmente parte del nuovo corpo. Questa nuova immagine sarà la forza necessaria per procedere con entusiasmo nel programma.

Spesso chi ingrassa si dimentica della sua immagine ideale, invece di cercare di assomigliarle sempre di più. È molto più facile rifiutare un laborioso prodotto di pasticceria, socchiudendo gli occhi ed immaginando, che a rifiutarlo, sia esattamente l'immagine della persona che si vuol diventare. Credo che questo sia lo stimolo fondamentale che non dovremmo mai trascurare nel dimagrimento, ovvero l'importanza dell'obiettivo. Essere è realizzare ciò che vogliamo.

Tornando alla nostra terza fase, abbiamo detto che occorre incentivare il drenaggio, cosa che ci aiuterà a far ripartire in maniera completa il metabolismo. Dopo il rigido protocollo con gli aminoacidi, non è difficile riportare la persona all'essenzialità, soprattutto nel rapporto con il cibo. Eliminare il superfluo e recuperare così il senso della misura. Mai come in questa fase, la persona comprende che è esattamente il frutto di ciò che mangia, di ciò che pensa e di ciò che respira. Ben venga, quindi, in questo percorso, anche l'ausilio dell'aromoterapia. Questo perché le fragranze agiscono sul sistema limbico, l'area dove le emozioni arrivano non filtrate dalla razionalità. Il profumo di incensi ed oli essenziali sgombra la mente dalla rigidità, che, dissolvendosi, lascia spazio ad un benessere diffuso in grado di pervadere anche il corpo.

Perché le diete falliscono? Perché la persona viene portata ad agire solo dall'esterno, viene portata a pensare solo agli aspetti quantitativi dell'alimentazione: numero di calorie, grassi, ecc...

Abbiamo ora compreso, in questo breve viaggio quantico verso l'organismo in equilibrio, meta della reale prevenzione, che è fondamentale osservare le reazioni che si instaurano internamente tra il cibo e il nostro corpo. Da questo momento in poi la persona deve comprendere che, per bloccare l'accumulo di nuovo peso, deve cercare di evitare, sempre il più possibile, cibi raffinati con alto indice glicemico e variare la propria alimentazione con altri cibi che mantengano l'equilibrio. Equilibrio che non può essere teorizzato in maniera globale, ma differenziale. Tutti gli esseri umani, pur essendo apparentemente simili fra loro, sono in realtà molto diversi e, poiché assumere cibo significa dare un messaggio all'organismo, il risultato, pur variando da persona a persona deve esserci per tutti.

Le persone oggi impostano la giornata in base ai propri ritmi e non al ritmo della natura. In realtà, mangiare di tutto, consumare sostanze eccitanti o alcolici, lavorare di notte, sono solo forzature della naturale armonia e, come tali, queste abitudini vanno cambiate. Se riusciamo a far comprendere, in questa terza fase, che è fondamentale seguire il ritmo naturale dell'organismo, allora anche l'abitudine nei confronti di una cena leggera, propria di questa fase, sarà una conquista. Una conquista che aprirà le porte ad un sonno rigeneratore, che dovrà essere profondo e calmo, per far si che la persona si svegli depurata e piena di energia. È molto importante la visualizzazione costruttiva prima di dormire, con la programmazione mentale della giornata successiva. Questo vuol dire scendere in bilancia in una visione olistica. La medicina dei quanti unisce le tecniche della medicina occidentale a quelle della medicina orientale.

E questa è la visione completa che mette in equilibrio, in perfetta sintonia, corpo e mente. È utile sempre ricordare che i buoni risultati prevedono grandi impegni, grinta e forza di volontà. Occorre controllare sempre ciò che mangiamo, occorre diminuire il consumo di grassi saturi, incrementare l'utilizzo di frutta e verdura, veri ed unici antiossidanti naturali. Tutto questo partendo dal presupposto che *l'alimentazione ideale è solo un concetto teorico.*

Poiché l'organismo è una macchina, in una concezione quantistica-olistica proveremo ora a fornire il carburante a questa macchina tramite alcune semplici regole:

1. Adottare uno stile di vita attivo con una maggiore e regolare attività fisica data da un costante movimento.

2. Rispettare sempre il corretto ritmo sonno/veglia. Il ritmo luce/buio è fondamentale perché noi produciamo melatonina tra le 22.30 e le 3.00 del mattino, in una fase di sonno REM3 dove riusciamo a scendere di frequenza solo dopo tre ore di sonno profondo ed ininterrotto. In questa fase il nostro cervello raggiunge frequenze che variano da 7 Hz ad 1 Hz di produzione energetica. Non possiamo dimenticare l'importanza di questa fase di re-settaggio e di rigenerazione, perché l'uomo è parte integrante di un sistema naturale più esteso, che comprende tutti gli esseri viventi, sia animali che vegetali, ma anche la terra e il

cosmo intero, e come parte integrante di questo sistema deve vivere seguendo il ritmo biologico che la giornata gli indica.

3. Assumere costantemente fibre per rallentare l'assorbimento degli zuccheri semplici.

4. Consumare carboidrati integrali.

5. Consumare abbondanti quantità di frutta e verdura, antiossidanti naturali.

6. Perseguire un'alimentazione dissociata anche tra categorie simili (né carboidrati con carboidrati o proteine con proteine, né tanto meno accostamento di carboidrati e proteine).

7. Iniziare il pasto sempre con apporto di verdura cruda.

8. Rispettare assolutamente la cronobiologia. Quest'ultima è una delle regole tassative; la giornata si divide in tre fasi. La prima è quella che va da mezzogiorno alle otto di sera. In questa fase il corpo ha la maggiore capacità di nutrirsi e assimilare. È il momento nel quale l'organismo assume il cibo e lo scompone in nutrimento e scorie. I pasti più

importanti dovrebbero essere consumati in questa fascia di orario. Nella seconda fase, fra le otto di sera e le quattro del mattino, i processi metabolici cambiano continuamente. Il corpo rallenta la sua funzionalità ed attiva il sistema di detossificazione e rigenerazione. La terza fase si svolge dalle quattro del mattino alle dodici. In queste ore il corpo si libera dei residui tossici.

9. Intraprendere sporadiche giornate di sola frutta e verdura e assumere i micronutrienti, come fattori di sostegno contro le sostanze inquinanti da agenti mutageni, stressogeni ed ambientali, che tutti i giorni intossicano l'organismo.

10. Riservarsi momenti di meditazione. Aiuteranno nella giornata in questa fase decisiva di cambiamento nel rapporto col cibo, potenziando la forza di volontà e mettendo in equilibrio così i due emisferi cerebrali, quello razionale e quello emotivo. Meditare abbassa il tasso di cortisolo,

combatte addirittura i livelli di ritenzione idrica, regala un contatto di fondo con la nostra forza di volontà e ci ricongiunge con il nostro centro.

Aiutare la persona a raggiungere il peso forma significa esattamente condurla per mano in questo breve viaggio a tre tappe, improntato sul recupero della coerenza tra pratica di vita ed esigenze dell'organismo, agendo in sinergia con l'aiuto offerto dalla natura e con il percorso di una corretta alimentazione. L'alimentazione cambia con il cambiare della persona, essendo l'uomo un continuo divenire nell'ottica quantica. Nel mondo dei quanti, della non materia, noi siamo energia e quindi anche il cibo che ingeriamo è energia, fluidità, dinamicità, adattabilità. La persona deve essere portata a raggiungere uno stato di serenità interiore, di armonia, di calma. La quiete in sé costituisce la potenzialità creativa del proprio futuro e quindi anche del proprio aspetto fisico, nel raggiungimento di un equilibrio che se interno, non sarà bloccato da situazioni contingenti esterne.

Ognuna delle tre tappe descritte in questo primo capitolo ha la sua importanza. In ognuna è presente l'integrazione di minerali, vitamine e antiossidanti in biodisponibilità. L'obiettivo raggiunto porta alla riconquista della sintonia armonica col nostro corpo e al benessere come forma fisica e conquista fondamentale.

Questo metodo è differente da qualunque altro perché divide il lavoro in tre fasi, perché tiene conto della specificità di ogni essere umano e perché ha un inizio e, soprattutto, una fine. Una fine dove la persona ha imparato a prendersi cura di sé correggendo le abitudini sbagliate e comprendendo che la salute non è assenza di malattia, ma quello stato dove siamo in grado di utilizzare pienamente le nostre facoltà mentali e fisiche con consapevolezza. Diventa quindi un dovere mantenere il corpo sano e in una condizione di energia ottimale. Questa capacità di controllare pensieri ed emozioni è in noi e ci orienta, con consapevolezza certa, verso il raggiungimento dell'obiettivo.

Capitolo II

Il sistema immunitario

Esiste, nella visione della medicina quantistica, la possibilità di arrivare ad una condizione di equilibrio, inteso come armonia corpo-mente, armonia intra ed extra cellulare, ed ogni uomo deve auspicare a questo equilibrio. Occorre quindi prevenire il disequilibrio non solo agendo con l'alimentazione, ma somministrando sostanze inorganiche di cui il paziente risulta carente al fine di ripristinare l'equilibrio. L'informazione è alla base di questa nuova tradizione quantica dove il corpo è una macchina in grado di curarsi da sola mantenendo internamente equilibrio costante. La salute, nella nuova concezione olistica, è intesa come interazione tra la funzione del metabolismo corporeo, il ruolo dei microelementi e l'importanza dell'alimentazione sana. L'utilizzo di minerali traccia di terreno, di nutrienti orto-molecolari[1], in un cammino di correzione alimentare, è privo di qualunque rischio ed è di supporto in qualunque altra terapia, in quanto complemento. La nuova medicina nasce dunque principalmente come un campo vergine che indica il cammino ben preciso che la persona e l'operatore devono compiere insieme nella consapevolezza di essere gli unici creatori dello stato di benessere. Si inverte dunque il paradigma che vede la medicina come cura nella sintomatologia e si assiste ad una rivoluzione basata sulla prevenzione dimostrata dalla stessa psico-neuro-immunologia.

---

[1] Le sostanze orto-molecolari sono contenute in alimenti, che oltre al fabbisogno dell'organismo di: acqua, aria, nutrienti (carboidrati, grassi e proteine), servono per molteplici processi biofisici e biochimici-metabolici di tipo: energetico, funzionale e informatico, strutturale. Sono coinvolte in reattori e substrati biofisici e biochimici come: cellule, matrice basale (interstizio tra cellule, materia base del tessuto connettivo lasso), sangue, linfa e intestino con il suo ecosistema di fauna e flora intestinale.

Il libro, che vuole rispecchiare in chiave quantistica la visione olistica, non può non porre importanza rilevante nei confronti della prevenzione delle patologie del sistema immunitario. La denominazione "olistica" sta ad indicare, dal greco "holos", la completezza della visione, indispensabile in questa metodologia. Come insegna la psicosomatica, l'artefice della guarigione non è mai il farmaco, ma una forza di auto guarigione naturale propria di un corpo in equilibrio. Questo vuol dire aprirsi alla persona e non alle singole componenti del suo corpo. Gli operatori nel settore dovrebbero aiutare la persona a divenire più consapevole della chiave celata dietro ogni sintomatologia fisica. La medicina quantistica ci permette di allargare gli orizzonti cercando di agire sempre preventivamente, partendo dal presupposto che il nostro corpo è in grado di ricevere messaggi, decodificarli ed interpretarli, mettendo così in moto il processo di auto guarigione.

Struttura del sistema immunitario

Il sistema immunitario è costituito da vari tipi di globuli bianchi o leucociti, che hanno il compito di combattere e prevenire le infezioni. Vi sono due tipi di globuli bianchi: granulociti ed agranulociti, caratterizzati dalla presenza di granuli o meno. Tra i granulociti troviamo gli eosinofili che neutralizzano l'istamina, i basofili che la rilasciano, i neutrofili fagocitatori di batteri e sostanze estranee. Leucociti e monociti sono invece sprovvisti di granuli. I primi sono coinvolti nelle difese immunitarie ed i secondi precursori di cellule fagocitarie: i macrofagi. Il sistema immunitario si trova in ogni parte del nostro corpo: nella bocca, nella mucosa, nella saliva, poi lungo il tratto digestivo e le pareti intestinali, nella milza, negli organi emuntori, in ogni goccia di sangue, e soprattutto, in antenne speciali collegate al sistema nervoso.

Il lavoro del sistema immunitario, come abbiamo ben compreso, è quindi vario e differenti sono i fattori in grado di scatenarne l'azione, ricordiamo tra tutti:

1. Le carenze alimentari intese come carenze di nutrienti vitali.

2. I sovraccarichi di tossine.

3. L'eccesso di lavoro in momenti di stress.

La neurofisiologia ci mostra, riguardo a questo 3° punto, come herpes zoster, ipertensione, diarrea, vertigini ed infinite altre patologie come cefalea, crampi addominali, cervicalgie, possono essere causate da condizioni psichiche alterate da fattori di stress. Purtroppo gli specialisti hanno perso la visione d'insieme in quanto sono abituati a combattere una specifica patologia. La medicina quantistica-olistica ha, invece, come oggetto di studio, l'organismo nella sua totalità. Lavorando secondo i parametri di quest'ottica, ogni giorno si impara sempre qualcosa di più sul corpo, un corpo che è sottoposto a nuovi attacchi, istante dopo istante: tagli, graffi, ustioni, radiazioni, virus, batteri, funghi, parassiti. Cercare di restare in vita, e con una buona salute, deve diventare una scelta, una prerogativa attiva. Questo è il compito del sistema autoimmune che tende ad eliminare queste minacce e a renderle inoffensive, in quanto riconosce le cellule normali nei tessuti del corpo ed attacca e distrugge, se mantenuto in una condizione di equilibrio, quelle anomale. Questa attività è svolta soprattutto dai linfociti N.K., natural killer, sensibili alle anomalie delle membrane cellulari e coinvolti quindi nella distruzione di cellule tumorali o cellule in degenerazione. Gli interferoni sono invece piccole proteine rilasciate da cellule infettate da virus. Quando una molecola di interferone raggiunge la membrana cellulare di una cellula normale stimola la produzione di proteine antivirali. È favolosa la capacità di memoria sviluppata da alcune cellule, che permette al sistema immunitario di ricordarsi degli antigeni in precedenza incontrati e di contrattaccarli in maniera rapida ed efficiente.

Detto questo, occorre ribadire che, in realtà, ci sono milioni di antigeni diversi nell'ambiente, in grado di determinare un rischio per la vita di un individuo ed il nostro sistema immunitario non è in grado di anticipare quali antigeni incontrerà. Subentra qui la risposta della medicina quantistica. La strategia protettiva e preventiva consiste nel preparare l'organismo a combattere ogni possibile antigene. Secondo una prospettiva olistica, ad influire negativamente sulle difese immunitarie esistono differenti cause:

1. Alimentazione carente di sostanze vitali con eccessivo consumo di dolciumi e carboidrati raffinati.

2. Disturbi intestinali (considerando che buona parte del sistema immunitario risiede nell'intestino).

3. Tossine ambientali.

4. Forte stress, in quanto, come accennato in precedenza, il sistema immunitario lavora a

stretto contatto con il sistema nervoso centrale.

5. Fumo.

6. Consumo di farmaci.

7. Elettrosmog.

8. Alcool.

Una delle risposte più frequenti a questi agenti è l'allergia, che si scatena principalmente là dove l'organismo entra in contatto con l'ambiente esterno: apparato respiratorio, cute, intestino. Troviamo quindi risposte come riniti, congiuntiviti, asma, orticaria, dermatite atopica, ecc...

Secondo la visione olistica è importante utilizzare stimolatori delle difese immunitarie, usando, preventivamente, piante officinali ed alimenti in grado di aumentare naturalmente le difese dell'organismo. Anche in questo lavoro di prevenzione, cosi come nell'affrontare le varie tappe di questo iter quantico nei confronti della prevenzione delle patologie, la prima parte del lavoro consiste nella disintossicazione dell'organismo e nell'invio di un comando informazionale correttivo alto con gli oligoelementi, che agiscono come veri e propri catalizzatori biologici. Un catalizzatore è quella sostanza che, pur non possedendo una propria azione, rende possibile l'innescarsi di reazioni chimiche. Questi elementi minerali sono indispensabili alla vita. La diatesi correttiva adibita alla prevenzione ed alla cura delle patologie autoimmuni, è basata sulla coppia di oligoelementi: MANGANESE-RAME. E'definita diatesi ipostenica ed è caratterizzata da una certa fragilità generale, mancanza di resistenza agli sforzi sia fisici che psichici e da una certa vagotonia. Il MANGANESE-RAME dà l'informazione alta che cambia il messaggio su differenti manifestazioni patologiche del sistema immunitario:

1. Turbe di natura allergica.

2. Affezioni dell'apparato respiratorio.

3. Affezioni dell'apparato urogenitale.

4. Affezioni gastrointestinali.

5. Turbe di natura endocrina.

6. Affezioni infettive.

Inoltre, influisce su tutti gli stati infettivi, cronici o a ripetizione, delle vie aeree, intestinali e urinarie, dall'asma alle problematiche broncopolmonari, dall'affaticamento cronico (dove verrà affiancato alla diatesi RAME-ORO-ARGENTO) alle turbe epatiche, fino agli eczemi ed agli eritemi. Il RAME è antinfettivo e antivirale, assunto nelle manifestazioni iniziali di uno stato influenzale, riesce ad eliminare i sintomi in 36 ore. Grande aiuto, nei confronti delle patologie del sistema immunitario, è offerto dalla fitoterapia, scienza tradizionale, desueta, ma che, grazie alle nuove scoperte scientifiche può spogliarsi del suo antico empirismo. Rispetto alla medicina ufficiale la fitoterapia offre una risposta globale e nello stesso tempo personalizzata, considerando il malato nella sua interezza fisiologica e patologica. Abbiamo detto più volte, e continueremo a ribadire, che negli ultimi anni la ricerca scientifica ha dimostrato che l'origine di molte patologie del sistema autoimmune va ricondotta ad un danno ossidativo cellulare, determinato dal progressivo accumularsi di radicali liberi. Abbiamo già visto insieme che le principali fonti di radicali liberi sono stress, alcool, fumo, inquinamento eccessivo, consumo di cibi raffinati e uso spasmodico di medicinali. L'intervento preventivo consiste nell'utilizzo di polivitaminici naturali, come l'alga klamath, che danno in biodisponibilità lipoglicoproteine di membrana simili al glicogeno, per un immediato rendimento energetico, acidi grassi essenziali omega 3 e 6, acido gammalinoleico, spettro completo di minerali ed oligoelementi. In questa maniera si rafforza il sistema immunitario con notevole vantaggio per il nostro organismo, determinando così importanti fattori di crescita, oltre all'innescarsi di reazioni enzimatiche necessarie per lo svolgimento delle numerose reazioni metaboliche.

Come non menzionare poi il lavoro di probiotici e fermenti lattici che risolve la disbiosi

intestinale favorendo l'assorbimento delle vitamine.
È auspicabile, come già accennato in precedenza,
chiedere, anche per questa tipologia di intervento
sulla prevenzione delle patologie autoimmuni, di
seguire la prima fase del protocollo alimentare,
ovvero la depurazione, perché, attivando gli organi
emuntori, si ha una migliore eliminazione delle
tossine, che stimola cosi il sistema reticolo
endoteliale contro gli insulti di tipo microbico,
virale e ambientale. Sono utili, ai fini della
prevenzione, tutte quelle tipologie di piante in
gemmoderivati, come il ribes e la noce, che
rinforzano il terreno allergico con azione cortison-
like, nonché il timo, il tanaceto, l'aglio, il mallo di
noce, l'olio essenziale di tea tree e quello di chiodi
di garofano, che agiscono in maniera sinergica come
antibatterici ed antimicotici del tratto intestinale. Il
ruolo fondamentale nel rinforzo immunitario spetta
all'echinacea, una pianta adattogena che permette e
migliora la resistenza dell'organismo agli attacchi
esterni, stimolando il sistema immunitario. Usata fin
dall'antichità (ricordiamo che i nativi d'America

l'impiegavano per le sue proprietà depuratrici del sangue e per curare numerose condizioni quali infezioni alle ferite ed eczemi), è oggi uno dei fitoterapici più utilizzati per le difese naturali dell'organismo.

La papaia fermentata permette di esercitare un'azione stimolante altrettanto efficace sul sistema autoimmune. Essa, agendo sulle basi del tessuto, stimola indirettamente le strutture ad attività antiossidante bloccando i radicali liberi responsabili dei danni che portano all'invecchiamento cellulare. Recenti indagini scientifiche hanno stabilito che 5000 Orac (Oxygen Radical Absorbance Capacity) al giorno permettono di contrastare efficacemente lo stress ossidativo, causato da fattori quali dismetabolismi, alimentazione incompleta o mal regolata o, semplicemente, un'inefficienza organica.

Il sistema immunitario consente dunque al nostro organismo di difendersi da tutte le possibili aggressioni batteriche sia esterne che interne. La fitoterapia con l'Echinacea, la Papaia, il Lapacho, la Propoli e molti altri rimedi officinali, ci aiuta a combattere efficacemente i danni provocati dai radicali liberi stimolando le strutture ad attività antiossidante e rallentando quindi l'invecchiamento cellulare causa principale dell'invecchiamento del sistema autoimmune. Queste piante possono essere usate preventivamente durante la stagione fredda e tutte le volte in cui c'è una possibilità elevata di infezioni.

La nostra salute, sia fisica che mentale, dipende anche dallo stato dei liquidi del nostro corpo (sangue, linfa, liquidi cellulari), che, se vengono danneggiati, portano i nostri organi ad ammalarsi. La causa principale della malattia va dunque ricercata nella combinazione e nell'avvelenamento dei liquidi del corpo per cattiva alimentazione, digiuni prolungati, abuso di prodotti di raffinazione, che portano l'apparato digerente ad uno stato di affaticamento tale per cui si avrà un calo anche della forza fisica. Purtroppo, attraverso la cattiva digestione, dovuta soprattutto al mangiare in fretta, si arriva alla formazione di feci dure e ad un aumento dei microbi parassiti che alterano la flora intestinale, per cui l'intestino diventa una fabbrica dei veleni per il corpo, che raggiungono, poi, tutte le cellule dell'organismo. E' quindi sempre necessario disintossicare profondamente l'organismo e ripristinare la flora batterica. E' altrettanto importante utilizzare nutrienti e stimolatori delle difese immunitarie usando preventivamente anche gli alimenti e non solo le piante. Ricordiamo che l'alimentazione è la vera medicina e poiché il nostro organismo non sintetizza spontaneamente alcune componenti essenziali (acido linoleico, alfagammalinoleico, omogammalinoleico, arachidonico, ecc...), si è dunque costretti ad introdurle per agire preventivamente, con integratori naturali che costituiscono dei veri e propri alimenti ricchi di vitamine. L'etimologia stessa della parola vitamina richiama il concetto di vita+ammine (cioè radicali a contenuto di idrogeno) e lascia intendere come queste sostanze organiche siano indispensabili alla vita. Esse sono contenute in piccole quantità negli alimenti e sono necessarie per il buon funzionamento metabolico del nostro organismo. Vengono distinte in idrosolubili e liposolubili. Queste ultime, cosi chiamate per la loro capacità di sciogliersi ed amalgamarsi con i grassi, rappresentano un elemento importantissimo per la cellula, in quanto la permeabilità della sua membrana e quindi il suo buon funzionamento, sono dovuti proprio alla presenza di questi elementi. Le vitamine liposolubili A, D, E, F, intervengono direttamente sul buon funzionamento cellulare, garantendo una corretta permeabilità di membrana e permettendo così corretti scambi fra l'ambiente intracellulare e quello extracellulare. Ricordiamo anche le vitamine idrosolubili, anch'esse importanti ai fini di una buona prevenzione dalle patologie autoimmuni. Esse sono il complesso B, l'acido ascorbico, la vitamina C.

L'avitaminosi è il primo passo verso l'instaurarsi di patologie autoimmuni. La carenza della vitamina F determina, ad esempio, alterazioni della permeabilità di membrana anche a livello intestinale e questa si traduce in alterazione dell'assorbimento generale, che costituisce l'inizio di una patologia autoimmune. La stessa vitamina F ha un ruolo importantissimo nella formazione delle prostaglandine, ovvero ne è il precursore, e la sua carenza è causa di molte malattie autoimmuni. La vitamina A è importante non solo nei disturbi visivi, ma anche nella prevenzione di alcune neoplasie; la vitamina D è fondamentale per il metabolismo del calcio, del fosforo e del fluoro. La vitamina E è l'antiossidante per eccellenza, essa riveste importanza per il regolare sviluppo della riproduzione e della vita cellulare, la sua carenza accelera il processo di invecchiamento cellulare e quindi immunitario. Quanto sopra descritto evidenzia come, ad oggi, sia indispensabile per tutti, secondo i parametri di una concezione quantistica olistica, assumere integrazioni nutrizionali, per non compromettere il sistema immunitario.

In una visione quantistica la capacità di avere un buon sistema autoimmune, ovvero una buona difesa offerta dal nostro organismo, è data non solo da una condizione di buona salute e integrazione correttiva ma anche da un corretto pensiero. Secondo KRAUDER, famoso immunologo, c'è sempre un nesso importantissimo, come conferma il lavoro del dottor E. Bach, tra le emozioni, il vissuto personale e la componente genetica della persona con le patologie autoimmuni.

Questo ci riporta inevitabilmente ad una visione totalitaria. L'uomo è proiettato su tre livelli, mentale, fisico e spirituale, ed è quindi doveroso occuparsi anche degli altri due livelli supportandoli sempre correttamente. L'energia aumenta le attività ed i processi nel corpo migliorandoli; quindi, possiamo affermare che la natura delle particelle subatomiche deve essere armonica. In altre parole, possiamo dire che la materia ed il corpo materiale dipendono anche dalla natura ondulatoria vibrazionale delle particelle. Secondo questa teoria tutta la materia fisica deve vibrare. La stessa sintesi proteica indispensabile alla vita biologica è una copia perfetta, a livello di microcosmo, di ciò che nel macrocosmo chiamiamo evoluzione. È per questo, ed altri infiniti motivi, che possiamo affermare che l'individuo non è costituito solo da materia, bensì permeato di energie sottili non tangibili che gli appartengono fin dal concepimento e quindi ne rappresentano una parte integrante indispensabile. L'individuo è un insieme energetico inscindibile; il corpo eterico e quello fisico si sovrappongono coesistendo nello stesso spazio. La materia è solo la parte più densa e meno dinamica dal punto di vista energetico, pertanto essendo anche la più organizzata, è la più manifesta. Secondo il TAO l'energia è Yang, caos, dinamicità, mentre la materia è la parte più densa, lo Yin.

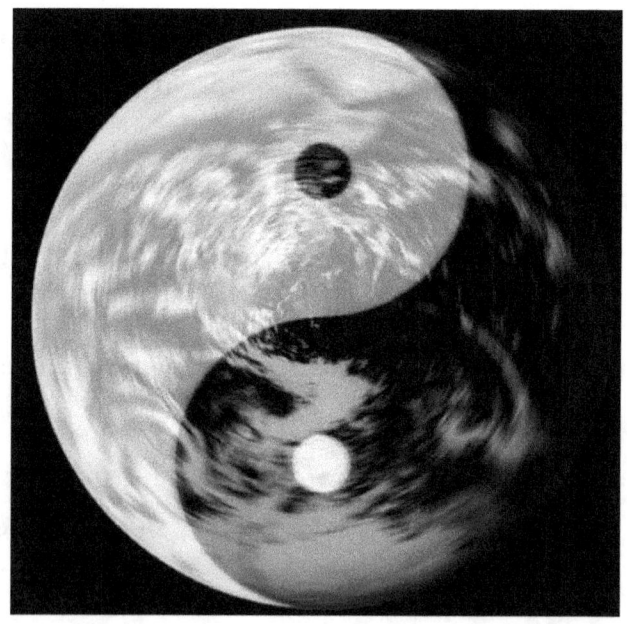

Si lavora con questo presupposto ogni volta in cui si utilizzano le diatesi di oligoterapia. Un minerale traccia come il Manganese, il Rame o l'Oro, fornisce un'informazione per correggere un'interferenza, ovvero emette un determinato segnale elettromagnetico in grado di far vibrare cellule appartenenti allo stesso tessuto o organo o sistema. Anche la floriterapia del dottor E. Bach, già menzionato in precedenza, lavora su queste informazioni. Non possiamo, come direbbe lui stesso, in una visione quantistica-olistica, dimenticare il livello sottile. L'emozione alterata genera la malattia fisica. Fiori, oligoelementi, oli essenziali, cristalli, corrispondono ad archetipi emozionali e si sono negli anni dimostrati indispensabili nel trattamento di patologie croniche del sistema immunitario. Potremmo dire che l'INNOVAZIONE DELLA MEDICINA QUANTISTICA, CONSISTE NEL SINERGISMO DEL LAVORO TRA FITOTERAPIA E MEDICINA ENERGETICA.

Questo perché, ad oggi, è impossibile rappresentare un'alternativa alla cura delle patologie autoimmuni solo con la realtà scientifica. È del resto impossibile creare una mappa definitiva del corpo, anche se questa ad oggi è l'offerta della realtà scientifica, sappiamo che è solo una delle interpretazioni possibili. Tutte le manifestazioni sono tra loro interconnesse e pertanto inscindibili. In una visione quantistica è addirittura l'osservatore ad essere interconnesso con il fenomeno che sta osservando. È solo l'uso sinergico di tutte le bioterapie, a seconda del soggetto che determina il successo di un atto terapeutico. Lo scopo della medicina quantistica-olistica è quello di riunire le varie discipline in una struttura organica completa e soprattutto trasmissibile, che riesca ad integrare così il sapere medico occidentale con il Qi (energia che scorre nei canali umani) della medicina cinese. Il tutto tenendo sempre conto della specificità del singolo individuo, ovvero della sua individualità fenotipica. Essere un terapeuta non convenzionale vuol dire osservare la persona e non esclusivamente la sua patologia, avvalersi di tutte le possibilità che attualmente sono presenti, integrandole tra loro con mente libera e flessibile, consapevoli che un solo metodo non è in grado di risolvere il problema, ma il vero risultato si ottiene adottando e scegliendo l'intervento migliore e soprattutto ciò che è necessario in quel preciso momento. Non si può standardizzare una terapia, ma si può agire sulla prevenzione. Ogni persona è un universo meraviglioso improntato verso un ordine superiore di una NATURA ENERGETICA infinita ed ogni persona va seguita in maniera differenziata. L'energia si manifesta a diversi livelli partendo sempre da se stessa. Dall'infinito spazio del cosmo, dai corpuscoli atomici agli atomi materiali e conseguentemente alle molecole. Sappiamo che anche l'inquinamento ambientale crea interferenze nell'uomo, nonché l'esposizione ai campi elettromagnetici. A causa di questi effetti si crea un'alterazione del trasporto del calcio e quindi dei meccanismi di traduzione del segnale intracellulare. Ai fini del nostro lavoro di prevenzione non possiamo non tener conto anche dell'inquinamento generato dalle onde elettromagnetiche e quindi delle geopatie.

QUESTA E' UNA VISIONE OLISTICA

Amore incondizionato e apertura:

1. Verso se stessi e gli altri.

2. Verso l'ambiente con totale rispetto.

3. Verso la terra che ci ospita.

4. Verso il cielo di cui siamo composti.

5. Verso il Cosmo Tutto.

6. Verso tutto ciò che ci è intorno.

La medicina quantistica, nella prevenzione delle patologie autoimmuni, non rinforza solo il terreno di base, ma abbraccia il muto linguaggio dei minerali con le fantastiche tecnologie attuali. Questo è il più alto livello della medicina: toccare la filosofia. E la filosofia quantistica è vedere gli altri e se stessi con occhi più profondi di quelli fisici, riuscire ad udire suoni diversi da quelli conosciuti, toccare vibrazioni ed energie differenti. Percepire il profumo della memoria passata e di quella futura in totale armonia.

L'OBIETTIVO E' RIUSCIRE AD ABBRACCIARE
LA POSSIBILITA' DI RIPRISTINARE
UN'ACCURATA OPERA DI PREVENZIONE,
RISTABILENDO LA MEMORIA FREQUENZIALE
CORRETTA SU OGNI ESSERE UMANO.

Le piante ci parlano

L'uomo, espressione materializzata dell'energia cosmica universale, non può non essere in armonia con le frequenze cosmiche. L'interferenza è la vera malattia e l'armonia è la vera prevenzione, con l'utilizzo di una nutrizione sequenziale ordinata che possa davvero ripristinare la corretta armonia intracellulare. Per comprendere totalmente la visione quantistica olistica della medicina, occorre comprendere le frequenze e quindi l'utilizzo delle stesse per la salute. E' necessario comprendere che ogni cosa, assolutamente ogni cosa, vibra, persino i materiali più solidi sono costituiti da atomi in continua vibrazione. Le vibrazioni producono sia il suono che la luce. Relativamente al nostro lavoro, e quindi alla prevenzione della malattia, per un ottimale stato di salute, le vibrazioni delle nostre cellule decrementano il loro suono, quando esse sono soggette a condizioni che possono causare malattie. Possiamo ora comprendere che la condizione di alterazione del suono subentra con la cattiva alimentazione, con la presenza di tossine, stress, pensieri negativi. Queste stesse condizioni creano il terreno vibrazionale adatto per virus, batteri, funghi, muffe. L'ampiezza della vibrazione cellulare deve raggiungere determinati valori, per permettere all'organismo di essere abbastanza forte da respingere le vibrazioni di certi microbi. Il lavoro della medicina quantistica-olistica si basa sul fornire alle cellule viventi le frequenze di cui esse necessitano per ristabilire la vibrazione salutare. L'armonia è il trasporto ottimale delle informazioni, la frequenza della salute è armonia intracellulare. Il terreno della persona, soprattutto per quel che riguarda le patologie autoimmuni, deve essere armonico: né in carenza, né in eccesso di alcune sostanze. Un terreno disarmonico produce malattie, soprattutto malattie autoimmuni (ammutinamento del sistema immunitario che si rivolta contro gli organi che dovrebbe difendere). Le malattie autoimmuni sono tantissime, non possiamo più pensare di controllarle con l'utilizzo di antinfiammatori, ma dobbiamo lavorare attivamente sulla prevenzione contro l'ammutinamento del sistema.

Dopo aver parlato di una corretta nutrizione, di un corretto apporto di nutrienti e fitoterapici, di oligoterapia, floriterapia e cristalloterapia, possiamo, senza dubbio, affermare che la medicina quantistica-olistica è principalmente basata sulla tecnologia ad energia vibrazionale. Questa è sicura, non costosa, efficace e si basa sulla prevenzione e sulla fisica del corpo. La sua teoria ci conferma cose già dette da antichi mistici e maestri di saggezza: l'uomo e l'universo sono fatti della stessa sostanza e ubbidiscono alle stesse leggi. Nel suo piccolo mondo l'uomo può sperimentare, nell'anima e nel corpo, l'intelligenza e l'ordine universale. La vita è nascosta in ogni parte dell'universo e l'evoluzione dell'uomo interagisce con quella dell'universo. L'uomo può uscirne violando quest'ordine con tutte le conseguenze del caso: malattie, disordini, malinconia, oppure può contribuire a quest'ordine con la guarigione e la gioia. Ogni nucleo delle nostre cellule contiene, nel suo DNA, tutte le informazioni, non solo quelle relative alla sua microscopica vita, ma anche quelle relative all'intera struttura. Ogni cellula è connessa con la globalità e quindi il nostro essere è legato al cosmo intero. Le nostre intenzioni, i nostri sentimenti, i nostri pensieri, le nostre aspettative, sono in grado di agire sui comandi informazionali del corpo, provocando la formazione di neuropeptidi, che sono gli equivalenti biochimici delle emozioni e agiscono sugli organi bersaglio in caso di disarmonia, provocando uno squilibrio psico-neuroendocrino-immunologico. Il risultato è la comparsa di sintomi e quindi di malattie psichiche e fisiche. L'uomo agisce e crea, e in questa maniera, è in grado di interagire con la materia; è per questo che, nella nuova visione della medicina quantistica-olistica, l'uomo ha la piena responsabilità della propria salute e della propria felicità.

Capitolo III

Il sistema nervoso

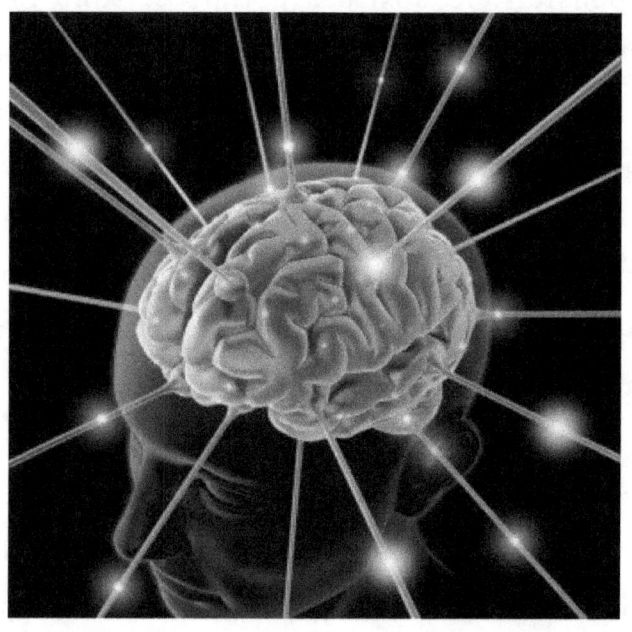

Raggiunto l'equilibrio, proprio di una corretta alimentazione, e ricondotto l'organismo allo stato di salute che gli è consono, grazie agli aiuti offerti dalla natura, ci occuperemo ora della mente, parte integrante del corpo. È solo con l'utilizzo del cervello che gli esseri umani creano la realtà nella quale vivono. Il cervello è la chiave della creazione, in questa visione quantistica basata sulla prevenzione. Un cervello calmo e rilassato produce solo informazioni positive in grado di guarire l'intero organismo.

Il nostro sistema nervoso è il computer più sofisticato che la mente umana possa riuscire a concepire. In effetti, così come un computer, analizza i dati che provengono da diversi luoghi e distribuisce informazioni a sedi remote. Esso è un'enorme rete di circuiti, correlazioni, elaborazioni ed informazioni. Nella visione olistica della medicina quantistica il sistema nervoso viene osservato, dal punto di vista strutturale e funzionale della medicina occidentale, ma anche dal punto di vista energetico della medicina orientale. La divisione anatomica del sistema nervoso comprende il sistema nervoso centrale (cervello, midollo spinale) ed il sistema nervoso periferico. Esistono due tipi di cellule che compongono il tessuto nervoso. Esse sono i neuroni, responsabili del trasferimento delle informazioni, e le cellule gliali, che forniscono un'importante rete di supporto. Un neurone tipico possiede un soma, parte centrale, un assone e molte diramazioni sensitive chiamate dendriti. La sinapsi è il luogo di comunicazione intracellulare e il trasporto vero e proprio dell'informazione avviene attraverso i nodi di Ranvier con l'isolante guaina mielinica. Questo trasporto è chiamato potenziale di azione e dà via alla trasmissione dell'impulso nervoso. Vi sono differenti tipologie di sinapsi, tutte rilasciano neurotrasmettitori. Ricordiamo i più importanti: il neurotrasmettitore ACETILCOLINA, il neurotrasmettitore NORADRENALINA, la DOPAMINA, il GABA, la SEROTONINA, ecc...; ci sono poi tre categorie funzionali di neuroni: sensitivi, motoneuroni e interneuroni. I neuroni sono le basi del nostro cervello e comunicano tra loro attraverso le sinapsi. I messaggeri chimici sono rilasciati da un neurone per raggiungerne un altro e stabilire così la comunicazione. La funzionalità del sistema nervoso dipende dalla loro interazione. Ad esempio i nervi spinali comunicano con il midollo spinale e i nervi cranici sono collegati con l'encefalo. I neuroni e le cellule gliali formano una rete complessa che ha una struttura tridimensionale relativamente stabile. Mentre state leggendo queste parole il vostro sistema nervoso sta, in effetti, lavorando su altri piani: sta eseguendo analisi intellettive e controllando apparati, sviluppando controlli motori volontari e non volontari. Tutti i cambiamenti avvengono a livello della superficie dei neuroni per mezzo di alterazioni del potenziale di membrana. Il midollo spinale permette, come una grande autostrada, il passaggio delle informazioni dal e verso il cervello. Esso le seleziona, si occupa delle emergenze e porta al cervello tutti i problemi che richiedono un'attenzione superiore; è per questo motivo che traumi al midollo spinale producono sintomi di perdita di sensibilità o paralisi motoria. Il midollo spinale è rivestito dalla "dura madre", al di sotto c'è lo spazio aracnoideo e la pia madre è lo strato più interno. La sostanza bianca contiene assoni mielinici ed amielinici, mentre la sostanza grigia contiene neuroni e cellule gliali. L'encefalo è l'organo più affascinante del corpo: tutti i nostri sogni, tutte le nostre passioni, i progetti, i ricordi, le fantasie non sono che il risultato di attività cerebrale. Solo quando subentra la morte cerebrale noi cessiamo di esistere. Vi sono sei regioni nel cervello adulto: telencefalo, diencefalo, mesencefalo, cervelletto, ponte e midollo allungato. Il pensiero cosciente, le funzioni intellettive si originano nel telencefalo; il cervelletto regola le attività motorie volontarie ed involontarie basate su dati sensitivi. Le pareti del diencefalo formano il talamo, che contiene veri e propri centri di elaborazione; l'ipotalamo, contiene invece centri preposti alle emozioni dalle funzioni autonome alla produzione di ormoni. Il mesencefalo elabora le informazioni visive ed auditive; il ponte connette il cervelletto con il tronco encefalico, ed il midollo spinale si connette al cervello a livello del midollo allungato. Per proteggere un organo, così importante e delicato come l'encefalo, sono necessari speciali accorgimenti. La corteccia cerebrale protegge l'encefalo, e la barriera emato-encefalica isola il tessuto nervoso dalla circolazione gliale. Il sistema nervoso è l'apparato più importante del corpo umano. Esso crea la nostra personalità e la nostra coscienza definendo, negli anni, la nostra consapevolezza. L'emisfero sinistro è orientato in senso logico razionale e analitico: esso è la sede del linguaggio verbale e dei processi matematici; l'emisfero destro funziona in modo più astratto ed emozionale, come centro delle percezioni visive e parziali. Il corpo calloso rende possibile la loro comunicazione. Sotto la neocorteccia gli organi subcorticali: talamo, ipotalamo e varie strutture del mesencefalo si occupano della regolazione ormonale. Il sistema limbico regola l'espressione delle emozioni ed è anche la sede delle sensazioni. Emozionarsi, progettare il futuro, innamorarsi, imparare a lavorare, rilassarsi e giocare sono funzioni che appartengono al sistema nervoso. La comunicazione fra il sistema nervoso centrale e il sistema nervoso periferico ha luogo attraverso varie strade, tratti di nervi e nuclei che collegano le informazioni sensitive ai centri più alti del cervello. L'elettroencefalogramma è una registrazione delle onde cerebrali. Le onde alfa si trovano normalmente nell'adulto in condizione di riposo e sono sostituite da onde beta durante i momenti dediti allo studio o al lavoro. Le onde theta appaiono come stato più profondo di rilassamento e le onde delta si osservano durante il sonno profondo. L'emisfero sinistro è l'emisfero categorico che contiene i centri interpretativi generali e del linguaggio, l'altro emisfero è invece predisposto alla realtà spaziale ed emozionale. Memoria, coscienza, personalità, introspezione, creatività: queste, e molte altre, sono le caratteristiche del nostro cervello. Pensiamo per un solo istante a come sono meravigliosi i nostri sensi: essi ci portano il profumo di una persona cara alla memoria, il gusto di un'arancia, ci consentono di sentire la voce di chi amiamo, di ascoltare la musica e quindi di emozionarci.

QUESTO SENTIRE POTREBBE AIUTARCI GIA'
DA SOLO A VIVERE E CAPIRE LA VITA.

Questa è la visione affascinante offerta dalla parte scientifica della medicina occidentale: la conoscenza in neuroscienze è la somma dei percorsi neuronali e delle connessioni presenti nel cervello, che ci portano a sostenere che, se attribuiamo più valore a qualcosa rispetto ad altro, svilupperemo connessioni neuronali necessarie al veloce conseguimento di quel valore e di quell'obiettivo. Occupandoci di tenere fede alla visione quantistica, non possiamo non tenere conto della visione energetica orientale. Secondo la medicina cinese il prana è un elemento sottile che pervade ciascun essere vivente, così come l'elettricità pervade gli atomi nella visione occidentale. È un essenza sottile che risiede nel cervello, e nel sistema nervoso, tanto da generare sottili radiazioni. Queste radiazioni energetiche sono l'equivalente della trasmissione sinaptica nell'ottica occidentale; circolano nell'organismo come impulsi motori e dirigono tutte le funzioni del corpo. Secondo la visione orientale, se si accresce l'immissione di forza vitale di prana, assorbendolo dalla fonte di vita cosmica, si raggiunge la condizione di miglioramento energetico.

Respirare a ritmo lento fa si che si accumuli nel cervello, e nei centri nervosi, una maggiore quantità di prana. Il prana fornisce energia elettrica ai nervi e produce l'aura quale emanazione naturale.

Come già ribadito nello studio del sistema autoimmune, sappiamo che i corpi vivi devono la loro esistenza all'apporto di questa sostanza immateriale, estremamente sottile, che pervade l'universo tutto, attraverso il sistema nervoso ed il cervello e si manifesta come energia vitale. Se riuscissimo ora ad avere una visione a 360°, usando le due concezioni, quella occidentale e quella orientale, ci accorgeremo che l'energia del corpo umano non può provenire esclusivamente dall'entrata alimentare di carboidrati e proteine, ma anche da una fonte più sottile.

La macchina umana non può essere solo fisica ma, anche spirituale, e la conoscenza orientale contempla questo aspetto, che non può che coincidere perfettamente con il nostro studio. Quando un essere umano immette l'aria nei polmoni, questo prana diventa energia indispensabile alla vita. Energia mentale, energia fisica, energia nei processi metabolici, energia immunitaria, energia che migliora la trasmissione. Siamo piccole unità di un'unica grande luce centrale ed i nostri atomi si ricaricano con questa luce che è corrente pura di infinita energia. È fondamentale, nell'approccio quantistico-olistico, riuscire ad unire le due visioni e solo così si può svolgere pienamente un'opera di prevenzione nei confronti di patologie da stress, da ansia e da distonia. Il corpo è una struttura molecolare assai complessa ed autosufficiente: basti pensare che le cellule create nel numero di bilioni si rigenerano in continuazione, tanto che ogni due anni l'essere umano è totalmente rigenerato e quindi totalmente differente! Viene quindi spontaneo domandarsi perché, allora, esiste la malattia? Perché esiste l'invecchiamento? Perché esiste lo squilibrio emozionale che conduce al panico ed alla paura? La risposta è elementare: PERCHE' L'UOMO HA DIMENTICATO LA SUA INNATA CAPACITA' DI RICREARE L'INTERA STRUTTURA CELLULARE. Lo stress, la depressione, l'ansia, l'angoscia, l'insicurezza, l'assenza di gioia, dipendono dal nostro stesso sistema di programmazione, dai nostri limiti mentali e dalle nostre convinzioni; è l'uomo che crea la patologie del sistema nervoso; è l'uomo che crea i dolori dell'anima. La nostra mente è un meccanismo dalle infinite possibilità e deve essere guidata su un percorso di pensiero positivo. Il cervello è di una complessità strutturale infinita: esso contiene misteri non ancora svelati, misteri che possono aprirci le porte della conoscenza. La nostra vita non può essere frutto di un'esperienza casuale. Prevenire queste patologie vuol dire agire su diversi fattori, ma anche portare l'uomo alla conoscenza, al risveglio. È in quest'ottica che la nuova medicina abbraccia la meditazione, affiancandola con la corretta alimentazione; è in quest'ottica che la nuova visione abbraccia lo sviluppo cerebrale affiancandolo con la respirazione e l'esercizio fisico, ma anche con lo yoga, il pilates e le tecniche di visualizzazione; l'integrazione fitoterapica con la floriterapia, la luce pulsata della cromopuntura con il benessere proprio del pensiero positivo. Occorre quindi intervenire su più fronti, aiutando la persona anche a sbloccare le emozioni represse, che portano ad inibizione mentale, aiutandola così a liberarsi delle proprie paure. La parola d'ordine della visione quantistica è proprio il pensiero positivo; è indubbia la tossicità di qualunque pensiero negativo che non fa che portarci a produrre, non solo malattie, ma guerre e catastrofi, essendo il microcosmo lo specchio del macrocosmo.

Ricordiamo le parole del Dott. Edward Bach: "Il pensiero crea l'emozione alterata che genera la malattia". Per portare una persona ad avere una salute perfetta non basterà solo agire con la fitoterapia, tra l'altro fondamentale, ma soprattutto convincerla che esistono MODI MIGLIORI PER VIVERE e per trascorrere il tempo, aiutarla ad eliminare tutti gli aspetti negativi, pensieri, emozioni e parole, PADRONEGGIANDOLI! Per tornare alla nostra visione totalitaria, quanti di voi sono a conoscenza che per ogni canale energetico o chakra c'è una corrispondenza con le ghiandole endocrine (ghiandole che stimolano la secrezione ormonale) e con gli ormoni che regolano tutte le funzioni del corpo?

Ricordiamo a questo proposito le parole di Ghandi:

"Le tue convinzioni diventano i tuoi pensieri.

Le tue parole diventano le tue azioni.

Le tue azioni diventano le tue abitudini.

Le tue abitudini diventano i tuoi valori.

I tuoi valori diventano il tuo destino."

Tutto il nostro corpo è generato dalla mente ed è per questo che l'uomo deve lavorare attivamente per mantenere l'armonia. Riguardo questo proposito nella visione quantistico-olistica, l'aiuto offerto dalla Natura è fondamentale. Le piante adattogene sono piante che combattono, a scopo preventivo, gli effetti negativi dello stress e in genere, di tutte quelle situazioni di malessere che possono sopraggiungere per squilibrio del ritmo sonno-veglia, per alimentazione scorretta o in seguito a sollecitazioni esterne, come malattie e particolari fasi della vita riproduttiva, come il parto e l'allattamento, insufficiente riposo e cause emozionali varie. Queste determinano ansia, insonnia, irritabilità e nervosismo, nonché problematiche alimentari tra cui anoressia, bulimia, stanchezza e depressione. Lo stress influenza il nostro benessere e, quando la reazione del corpo agli eventi stressogeni diventa intensa e prolungata, i meccanismi del nostro organismo si inceppano rivelandosi insufficienti. A fronte di questo tipo di "esaurimento di gestione" si crea un terreno fertile per ansie e disturbi del sistema nervoso, che possono però essere corretti, e soprattutto prevenuti, con l'aiuto delle piante officinali. Queste ultime riescono a produrre un generico miglioramento delle condizioni psicofisiche, incrementando la resistenza alla fatica, regolando la funzionalità sulla neurotrasmissione e migliorando la capacità cognitiva. Appartengono a questa categoria diversi nutrienti e fitoterapici. Ancora una volta è importante menzionare l'utilità degli acidi grassi, come nutrienti per la guaina mielinica e armonizzatori della trasmissione elettrica, degli integratori di alga klamath, degli oligoelementi manganese, litio, rame-oro-argento, ecc... Questo aiuto può spaziare dall'utilizzo dei fiori di Bach alla cromoterapia, dall'aromotecnica alla digitopressione.

L'apporto fondamentale rimane però quello della fitoterapia. Il biancospino è il rimedio per eccellenza per le situazioni d'ansia. Sedativo del sistema nervoso centrale, esso è il "cibo per il cuore", perché aumenta il flusso sanguigno al cuore e regolarizza il battito; essendo un miorilassante è adatto in tutte le situazioni di stress e ansia. Il suo nome "crataegus" deriva dal fatto che gli antichi latini definivano l'organo cardiaco come il cratere del cuore, in quanto il sangue, che esce da esso come un getto di lava, si espande in tutto l'organismo. La sua somministrazione, così come quella dell'escolzia, della melissa, della valeriana, della passiflora, dei fiori dell'arancio e della verbena odorosa, risulta particolarmente indicata nelle turbe del sonno ed in tutte le situazioni caratterizzate da emotività ed ansia. Un altro ruolo fondamentale per la decontrazione nervosa spetta al complesso vitaminico B ed ad altre piante adattogene come la rhodiola o la schisandra. Con l'utilizzo di queste piante, ed una somministrazione bilanciata a seconda delle esigenze, si ottiene un miglioramento delle prestazioni sia fisiche che intellettuali, maggiore lucidità nell'azione ed attiva resistenza alla fatica. Nel complesso esse svolgono, dunque, un'azione totalitaria anti stress utile anche nella fame nervosa. Esse e molte altre sono di grande aiuto nel controllo delle patologie del sistema nervoso, in quanto migliorano la concentrazione, la lucidità mentale ed il potenziale mnemonico, lavorando così attivamente su astenie, depressioni, apatia e stress. Anche l'eleuterococco, o ginseng siberiano, è un ottimo tonico per rinforzare il corpo durante gli sforzi e viene consigliato, come rimedio d'eccellenza, per gli stati di debilitazione anche mentali, così come il vero e proprio ginseng, al quale la medicina cinese affida il ruolo di tonico e rivitalizzante del sistema nervoso centrale. Queste piante agiscono portando ad un incremento dell'attività elettrica delle cellule della corteccia cerebrale. Sono questi e tanti altri gli aiuti psicotonici che la natura ci mette a disposizione e questa classificazione è dovuta alla loro attività stimolante e quindi di grande aiuto per il sistema nervoso. Le piante adattogene migliorano l'organismo, non solo dal punto di vista fisico, ma lo influenzano positivamente nel combattere stati depressivi migliorando così il rendimento mentale e la concentrazione. Questo perché i ginsenoidi "inducono" l'aumento della vita media dei neuroni corticali. La damiana è un altro grande aiuto messo a disposizione dalla natura, dalle proprietà stimolanti psicofisiche, così la radice di maca e l'iperico. Per citare i nostri genitori latini, ricordiamo che essi consideravano l'iperico come una delle piante più solari messe a disposizione dalla natura. Il suo nome "Hypericum = cum iperione" sta ad indicare il mitico padre del sole e dell'aurora. Questo solo per comprendere quanta energia si nasconde in questo fiore giallo oro, messo a disposizione dell'uomo da parte della natura.

Queste ultime piante menzionate lavorano particolarmente bene nella prevenzione degli stati depressivi, nelle nevrosi, nell'impotenza, nella frigidità, nell'ansia da prestazione e nell'esaurimento nervoso generico. Menzioniamo in questa breve selezione anche l'aiuto offerto dal guaranà, che agisce prevalentemente sul sistema nervoso centrale della corteccia, come abbiamo già accennato, aumentando l'attenzione, la memoria, le performance mentali e diminuendo la sensazione di freddo. Non possiamo concludere questo breve excursus nella fitoterapia senza menzionare la "stachys recta" o siderite, che già ai tempi dei romani era considerata un eccellente talismano contro gli influssi negativi che determinano gli stati di angoscia e di paura. Così come il rescue remedy del Dott. Edward Bach, la siderite viene prescritta per qualunque paura ricorrente o insicurezza psichica. Il terreno di base della persona viene, poi, spesso sostenuto con l'apporto dei nutrienti latenti della pappa reale. Quest'ultima, la cui azione è ampiamente riconosciuta, è la secrezione delle ghiandole ipofaringee delle api con la quale esse nutrono le larve per alcuni giorni e l'ape regina per tutta la vita. È proprio grazie a questo esclusivo medicamento che l'ape regina ha caratteristiche diverse da tutte le altre api, ovvero longevità e fecondità. Dal punto di vista della medicina occidentale è invece scientificamente provato che la pappa reale ha effetti straordinari come tonico generale e ricostituente delle cellule nervose.

Se questo vuole essere un piccolissimo omaggio al contributo infinito che la fitoterapia può offrire nei confronti delle patologie del S.N.C., non dimentichiamo però l'aiuto offerto da tutte le altre discipline: dalla nutrizione ortomolecolare all'aromotecnica, dalla floriterapia, prima menzionata, alle tecniche di meditazione e visualizzazione che rimangono, ai fini di una corretta prevenzione, strumenti incredibilmente potenti. Alcuni psicologi oggi sono d'accordo nel sostenere che un'ora di visualizzazione costruttiva e positiva possa dare risultati fondamentali nella gestione dello stress.

La visualizzazione positiva induce nella persona la sensazione di leggerezza e gioia, nonché di sano distacco e comprensione oggettiva dell'evento posto nel cammino. Come direbbe Henry Beecher, "L'arte dell'essere felici risiede nel potere di trarre felicità dagli eventi comuni". Un altro importante aiuto nella prevenzione delle patologie del sistema nervoso centrale, che coinvolge attivamente il soggetto, è l'annotazione costante dello stato d'animo giornaliero in un diario. Il tempo stesso dedicato alla trascrizione dell'evento apporta crescita e consapevolezza. Piccoli istanti, riportanti emozioni positive trascritte di contemplazione e gratitudine, attirano in effetti enormi concentrazioni di positività nel pensiero. Anche un luogo fisico silenzioso ed armonico, dove la persona può ritirarsi ogni volta che lo desidera, può portare ad avere maggiore chiarezza mentale, pace interiore e soprattutto, ancora una volta, sano distacco, che la aiuterà a ridimensionare i problemi quotidiani. Nel silenzio della contemplazione l'uomo scopre il significato della realtà e tutto acquista il giusto peso. L'apporto principale della meditazione è una sorta di quiete spirituale che porta grande equilibrio sul sistema nervoso. La meditazione aiuta inoltre la mente a svuotarsi dalle preoccupazioni e dallo stress, facendo spazio al pensiero positivo.

Nella nuova medicina quantistica-olistica la psicosomatica e l'evoluzione spirituale sono inscindibili; capire il cervello e saperlo guidare con il pensiero positivo vuol dire comprendere l'essere umano nella sua totalità, dai segreti delle sue origini alle sue enormi potenzialità psichiche. Secondo Ippocrate in ogni parte del corpo è presente il pensiero cosciente, attraverso il quale l'uomo si collega alla mente universale. È, in effetti, chiaro come nella psiconeuroimmunologia la mente abbia un ruolo attivissimo nel processo di guarigione. Nella tradizione orientale il concetto di coscienza=energia si manifesta attraverso i sette chakra o centri psicoenergetici. Ogni centro corrisponde ad una componente anatomica del corpo fisico ed emozionale.

Il nostro corpo è composto di etere, di atomi e di cellule che contengono energia ed informazioni. Pensieri, parole ed azioni sono dunque energia. L'energia si espande e cresce in noi, ed intorno a noi, e tutto è generato dalla legge di attrazione. L'universo è matrice pura di energia che vibra in maniera differenziata a seconda dell'emanazione umana. Noi non siano che sistemi di energia che trasmettono ed emettono segnali. Se i segnali sono dettati da condizioni stressogene e da un basso tono dell'umore, otterremo solo esperienze di vita occasionali, disordinate, ma se il segnale è dettato da una condizione di armonia allora avremo esperienze di serenità ed equilibrio. Questo è lo scopo di questa nuova medicina che vuole portare l'uomo ad avere un ruolo attivo, e mai passivo, nei confronti della salute e quindi della felicità. Ai fini della prevenzione delle patologie del S.N.C. diremo dunque che la persona deve sforzarsi di perseguire la felicità utilizzando tutti i mezzi che la natura le mette a disposizione, ma anche trovando del tempo per se stessa e per la corretta espressione della propria gioia interiore. Questo diritto/dovere di ogni essere umano, contemplato dalla medicina quantistica, vuole essere un contributo positivo allo sviluppo di un nuovo pensiero di salute. Solo assumendoci totalmente la responsabilità della nostra salute potremo davvero lavorare con il concetto di prevenzione, diventando individui sani e quindi felici. Nutrirci correttamente, utilizzare i rimedi dolci messi a disposizione dalla natura, gestire con la meditazione pensieri ed emozioni, questa è l'unica strada per reagire già inconsapevolmente ai futuri ostacoli, determinando la creazione di un modo di pensare e vivere migliore. I nostri pensieri sono onde di energia interconnesse tra loro e, peraltro, decisamente potenti, e l'uomo non è che la risultante dinamica dei suoi pensieri e delle sue azioni. I pensieri positivi eliminano dal corpo gli stati d'ansia, in quanto lo rilassano e lo predispongono allo stato di salute che merita. Antigone, filosofo greco del V secolo a.c. scriveva che: "In tutti gli uomini è la mente che dirige il corpo verso la salute o verso la malattia". Purtroppo non vi è dubbio sul fatto che viviamo in una società davvero troppo accelerata e che la causa principale di queste patologie è proprio l'affollamento dei pensieri, ma è proprio in virtù di questo che la vera prevenzione deve consistere nella capacità di rilassarsi e ritrovare così il rispetto, la solidarietà e tutti quei valori che rendono l'uomo tal qual è.

Ogni operatore nel settore del naturale deve avere il desiderio reale di voler aiutare chi soffre, aprendo il suo cuore e cercando di comprendere sempre, anche il linguaggio non verbale, per debellare al meglio ansia, rabbia, paura, elucubrazione mentale. La famosa empatia, di cui parla il Dott. Edward Bach, l'ascolto attivo, la capacità di cogliere il cambiamento vibrazionale nel tono della voce dell'altro. Questo vuol dire svolgere un'opera di prevenzione, con sicurezza, speranza, armonia, come aveva già affermato Ippocrate grazie al suo intuito e all'osservazione empirica. Questo è anche il compito che vuole assolvere questa nuova medicina: utilizzare tutte le tecniche a disposizione. Del resto sappiamo che la stessa fisica quantistica non fa che confermarci l'efficacia di tutte le tecniche mente-corpo.

Ci siamo mai domandati quanto sia "reale" la realtà che viviamo? Quanto essa sia materiale? In realtà, il mondo tutto, come ci insegna la fisica quantistica (ricordiamo il bellissimo libro "Alice nel paesi dei quanti" di Robert Gilmore e le intuizioni di Paul Yanick sulla fisica quantistica) è composto di molecole e quindi di atomi. Ricordiamo che un atomo è costituito da spazio con nucleo in mezzo ad un mucchio di elettroni che si muovono. Ricordiamo che dentro ad un atomo la natura non segue le leggi di Newton. Le particelle subatomiche hanno le loro leggi, diverse da quelle che generano il mondo delle cose ordinarie. Sono i quanti che ci hanno fornito una visione totalmente diversa su come funziona il nostro mondo e questa visione di certo non è più la visione prevedibile del passato e, quindi, non è più necessariamente scontata.

La nostra prospettiva quantistica ci insegna che non esiste un'unica realtà, non esiste un unico modo corretto di vedere ciò che accade. Questo perché la verità è individuale e quindi assolutamente modificabile. Questa è la maniera per poter osservare correttamente la vita, per non sprecare tempo lasciando spazio ad angosce e paure e questo, se vogliamo, è anche il libero arbitrio dell'uomo. Il più grande passo per la prevenzione degli stati d'animo negativi consiste dunque nel portare la persona a comprendere che non esiste casualità.

Ognuno deve assumersi la responsabilità della sua vita; non possiamo più accontentarci della visione medievale dove gli esseri umani sono esautorati dalla responsabilità verso la vita. Non viviamo in balia del caso, ma delle nostre proprie scelte ed è proprio in virtù di questo che non possiamo osservare il mondo senza "alterarlo". In altre parole l'uomo è in grado di cambiare tutto ed è l'obiettivo che conduce l'uomo alla realizzazione. Del resto questa consapevolezza ha una radice elementare: basti pensare che il nostro mondo, ossia la realtà fisica, non apparirebbe, se noi stessi non la osservassimo. Questo aspetto entusiasmante appartiene a questa nuova visione anche per quel che riguarda la prevenzione di particolari categorie di malattie nervose. Qualunque angoscia può scomparire e qualunque gioia può realizzarsi. Trattare traumi passati, esperienze di dolori subiti, o causati, non fa che mantenere viva questa condizione, generando paure e panico anche nel presente. Invece di continuare a rivivere eventi dolorosi passati, occorre portare la persona a curare il vecchio danno emozionale amandosi e rispettandosi nel presente; questa è l'unica cura possibile che, con l'aiuto della medicina alternativa, può portare alla totale scomparsa di ogni sintomo. Questa è la prevenzione auspicata dalla medicina quantistica-olistica: portare ogni persona a comprendere che il cambiamento non deve necessariamente aver bisogno di un tempo, ma può essere istantaneo. Esso può attuarsi creando cambiamenti nella vita presente, cambiamenti positivi che non faranno che generare serenità interiore. Se ogni persona capirà e crederà possibile migliorarsi allora la medicina quantistica sarà una realtà. La parola d'ordine, ancora una volta, è fiducia. Solo attraverso la fiducia si supera la paura, solo essa permette il vero cambiamento emozionale.

Nell'ottica del pensiero olistico-quantistico tutte le tecniche, quelle della conoscenza oggettiva occidentale e quelle del pensiero filosofico orientale, possono essere unite per portare l'uomo alla condizione di salute e di felicità. Con la consapevolezza della fisica quantistica, ed osservando tempo e spazio come dinamiche variabili, non possiamo più permetterci di passare anni ad analizzare traumi ed esperienze passate di dolore dell'individuo, ma portarlo con tutto ciò che abbiamo finora esaminato, ed anche con la meditazione, a rivisitare queste esperienze ricostruendole con l'immaginazione positiva, determinando così il nuovo futuro. Non si aiuta la persona continuando a farla rimuginare sul proprio passato; la strategia vincente consiste nel portarla ad eliminare le voci interiori negative (presenti sempre dentro sé stessa) annullandole con la serenità della fiducia costruttiva. Se un essere umano visualizza nella sua mente subconscia l'immagine che lo vede come perdente, allora egli farà predominare il panico e la paura nel suo presente e difficilmente avrà il coraggio di chiedere aiuto. Se, invece, questa persona comincia a credere che può cambiare la sua realtà quotidiana, allora avverrà qualcosa di meraviglioso: cambierà anche il suo inconscio. Essa porterà il proprio cervello a vibrare a frequenze diverse e straordinarie, eliminando completamente qualunque stato alterato di coscienza. Questo non è un evento speciale; semplicemente la persona, in questa nuova ottica, viene portata ad agire in armonia con il mondo dei quanti. Concludendo anche questo capitolo sulle patologie del sistema nervoso, possiamo affermare che è fondamentale far comprendere alla persona che può sempre migliorare la propria condizione di vita agendo su diversi livelli:

Cambiando le abitudini alimentari, eliminando le abitudini negative, assumendo gli integratori naturali. Portando la persona a percepire che tutto, ribadisco tutto, dipende solo ed esclusivamente da lei. Questa è la strada che permette all'individuo di cominciare a vivere nella consapevolezza che il pensiero positivo, e gli aiuti offerti dalla natura, sono in grado di cambiare il futuro, rendendo l'uomo libero dalle malattie dell'anima.

La verità è che siamo esseri meravigliosi dotati di enormi potenziali di energia inesplorata, esseri che hanno l'espresso dovere di credere fermamente in sé stessi e in una nuova terra pulita, generosa, libera, viva. Questa deve essere la coscienza del nuovo sé, coscienza in grado di armonizzare e sincronizzare il corpo nella sua straordinaria complessità. Questa nuova coscienza porterà l'uomo ad avere dominio sulla struttura molecolare, grazie alla sua volontà, annullando il muro della malattia. L'uomo è in grado di cambiare la microenergia cellulare e, di conseguenza, gli organi ed i sistemi ad essa correlati. In questa condizione di equilibrio si risveglia il guaritore interno, presente nel tronco encefalico che può esaudire le più elevate aspirazioni.

Conclusioni

L'obiettivo della felicità e della salute è il motore della ricerca interiore auspicato dalla medicina quantistica-olistica. Occorre fornire alla persona la prova che il pensiero positivo, la fiducia certa negli aiuti messi a disposizione dalla natura e lo studio della mente umana, sono le uniche strade percorribili. L'uomo che persiste ancora in un atteggiamento negativo non farà che attrarre ulteriore buio nella sua vita, scendendo sempre più in profondità negli abissi della sua anima, dove non potrà che incontrare alcune delle patologie esaminate in questo libro, prime fra tutte: paura, angoscia, solitudine. Il rimedio migliore è porsi in una chiave di lettura della vita positiva, adottando un sano atteggiamento mentale, in modo tale che, vibrando armonicamente, si possano così attrarre solo vibrazioni in sintonia con tali pensieri. Ogni uomo è padrone della propria mente e nulla può entrarvi che egli non voglia e non permetta ed è per lo stesso motivo che anni ed anni di analisi interiore possono portare a tutto o a nulla. È solo ed esclusivamente la persona che decide della propria vita, che decide se farsi aiutare, permettendo alle parole e alle vibrazioni degli altri, o anche ad un libro, o ad un'immagine offerta dalla natura, di entrare dentro se stessa, uscendo dal buio ed aprendosi così alla luce della consapevolezza. Credo che questa nuova medicina possa portare l'uomo a sviluppare la sua mente il più possibile aiutandosi con tutti i mezzi a disposizione. Raccogliendosi nel silenzio interiore, perdendosi in un paesaggio sconfinato, scoprendo l'abisso che si cela dietro ogni suo respiro, constatando come un prato, o un fiore, ed il più piccolo minerale, siano in grado di aiutarlo a conoscere in profondità se stesso. Ecco che si apriranno così alla sua mente un'infinità di idee inespresse che diventeranno intuizioni, azioni e quindi cambiamenti reali.

L'uomo della visione quantistico-olistica crede nel pensiero positivo, ha fede in se stesso tal qual è e conosce in profondità Dio. Egli sa trarre vantaggio dal pensiero positivo perché ha imparato che la realtà non è che materia da plasmare tra le mani. Anche nei momenti bui trova fiducia e speranza ed accetta l'ostacolo posto dinanzi a lui perché sa che è solo l'ennesimo gradino da superare nella strada della consapevolezza. L'uomo positivo sa che svolgere un'opera di prevenzione, così com'è intesa nella medicina quantistica-olistica, vuol dire sempre avere un atteggiamento mentale corretto che porterà, attraverso l'armonia che determina, sempre a nuove occasioni, nuove porte aperte. Soprattutto sa che non permetterà mai a se stesso di avere limiti da parte dell'ambiente e delle circostanze esterne. L'uomo positivo conosce ed utilizza la sua mente nel migliore dei modi e sa che la malattia altro non è che la disarmonia e che la vera guarigione consiste nel rimanere sereni.

L'uomo positivo nella visione quantistico olistica è mentalmente sviluppato e sa di essere in grado di modificare la propria realtà solo lasciando i vecchi percorsi prestabiliti. L'uomo che crede in questa nuova forma di medicina, attua la pulizia mentale da qualunque infrastruttura negativa, arrivando così ad una nuova espressione di se stesso. Egli sa che la paura, l'ansia , le alterazioni del sistema immunitario e qualunque disagio, non sono che manifestazioni della mancanza di fiducia nelle sue infinite possibilità. Anni ed anni di studi in antropologia ed in scienza delle religioni, anni di studi in fitoterapia e in medicina quantistica, ma, soprattutto, anni di contatto con tante persone diverse, mi hanno portato a credere che "volere è potere". Questo libro vuole essere un invito per ogni persona a ricongiungersi con la sua parte più forte e più vera. Noi costruiamo la nostra vita giorno per giorno. Non possiamo più limitarci, alla luce di questa consapevolezza, ad aspettare la malattia, considerandoci fortunati se non arriva e sfortunati se arriva troppo presto.

L'uomo quantico crede nella prevenzione e decide consapevolmente quale sarà il cammino della sua vita. Sa che egli è la risultante dinamica di ciò che pensa, di ciò che mangia, di ciò che respira. Sa che la fede è il requisito fondamentale, crede che la natura può aiutarlo e soprattutto aspira al ben-essere totale, tirando fuori tutto il coraggio che il suo animo dispone. Alla luce delle sue conoscenze egli può affermare che non esiste il caso, perché solo lui decide della sua vita. La paura ed il dubbio vengono superati grazie alla sua volontà nel non volere creare malattia e disagio. Egli supera la paura con la coscienza dell'essere e sa che la felicità alla quale aspira è proprio data dalla liberazione dai sentimenti negativi: ansia, angoscia, odio, ira. La malattia non è un castigo; l'uomo può costruire il suo futuro solo decidendo della sua vita. L'uomo quantico è Luce dell'universo; egli è lo stupendo vivere ed avanza con fiducia in questo nuovo sentiero di consapevolezza e prevenzione. Egli, con coraggio, decide di cambiare la propria vita cominciando a nutrirsi in maniera sana, integrando nella propria alimentazione nutrienti primordiali, respirando serenità e bruciando negli ambienti le essenze che la natura gli offre, concedendosi pause ed istanti di rilassamento immerso nella natura, ritrovando se stesso nel silenzio più assoluto, dove riesce a ricongiungersi con il proprio io interiore. Egli sa che questi principi vivono in lui e, come tali, sono raggiungibili; sa che la pace interiore ritrovata è l'inizio della vera armonia che lo porterà alla vibrazione della salute. La mente regola il corpo e lo dirige verso l'agognata meta; nessuna malattia futura potrà mai essere prevenuta se questo non diventerà una certezza raggiunta. L'operatore in medicina quantistica sa che la persona deve raggiungere i risultati più grandi amandosi ed aiutandosi in prima persona, perché è solo dentro se stessa che risiede il potere di guarigione. La natura è l'espressione più alta di questo amore reso materia; essa ci armonizza con i suoi strumenti ed aiuta, così, le nostre vibrazioni a contrastare l'insorgere della malattia. La mente esercita il pieno comando sul sistema nervoso, fornendo ai tessuti ed alle cellule una maggiore ossigenazione e riattivazione elettrica, rinnovando in profondità qualunque organo e sistema. Qualcuno un giorno ha detto: "Il regno di Dio è dentro di noi", ... e Dio non può essere malattia, ma conoscenza, salute, sicurezza, sapere che trascende la realtà, sorgente di piena luce. Che questo libro possa essere, per chiunque lo legga, un viaggio verso la conoscenza di se stessi, conoscenza che non ha limiti ed abbraccia tutti gli ambiti. Che ognuno possa ritrovare se stesso scoprendo le meravigliose possibilità che gli appartengono, attraverso la sperimentazione pratica sul proprio corpo, che altro non è che lo strato, di cui l'anima si serve per evolvere verso la matrice di cui è parte espressa, come uno nel tutto.

Nell'eterno fluire della vita nessun percorso si conclude senza che ne inizi uno nuovo...che la strada possa portare ognuno di voi a stare bene con se stesso e con gli altri.

Indice

www.ingramcontent.com/pod-product-compliance
Lightning Source LLC
Chambersburg PA
CBHW051538170526
45165CB00002B/780